JN008650

斎藤 端
saito tadashi

ソニー半導体の奇跡

お荷物集団の逆転劇

東洋経済新報社

はじめに

最近のソニーの業績を見ると、イメージセンサー（撮像素子）を中心とした半導体事業が収益の柱の1つとなっています。

ソニーといえば、昔は革新的でユニークなエレクトロニクス機器（電子機器）を世の中に提供し、世界をあっと言わせてきた企業です。世界初の商品を開発することに情熱を注いできた会社でもありました。

しかし2000年代に入ると、その輝きが薄れたという評価を受けるようになります。「ソニーがダメになった」という理由に対しては、本当にさまざまな分析がなされています。

ダメになったのは、べつにソニーに限った話ではありません。2000年以降、日本の家電、電機業界全体で地盤沈下が起きています。業界全体が下り坂に苦しんでいたころ、ソニーでは出井伸之会長兼CEO（最高経営責任者）からハワード・ストリンガー会長兼CEOに政権移行が行われたのです。

このころ、私はデバイス（部品）部門である半導体事業本部に副本部長として異動してきたばかりでした。ソニーでデバイス部門というと、テレビや家庭用ゲーム機といったセット（完成品）の差異化に貢献するサポート部門という位置づけが強くなります。本社のマネジメント部門の注目度も低く、部品供給と予算で約束された利益創出に興味を示すくらいで、それ以外ではあまりとやかく言われない存在でした。

半導体事業本部は、神奈川県厚木市に事業の中心を構えています。ソニーでは「厚木、仙台、ニュージャージー（アメリカのニュージャージー州にアメリカの販売拠点がかつてあった）」と言われる存在です。本社からの縁遠さや古い体質を密かに揶揄して、そう呼ばれていたのです。

２００５年に半導体事業本部の副本部長、２００８年には本部長を拝命した私は、半導体技術についてはまったくの素人でした。工業系の大学を卒業したといっても、専攻は経営工学という、電子工学とは無縁の領域です。

しかも副本部長に就任して以降は危機続きでした。製品の品質問題による赤字、家庭用ゲーム機「プレイステーション３」用の半導体の赤字……。本社からは「問題事業本部」と目をつけられていました。事業売却候補の集団でもありました。

どんな事業も初めから順風満帆ではありません。むしろ実際は逆の場合が多いように思います。どのようにしてソニー半導体はピンチを乗り切り、ついには会社の基幹事業と言われるまでになっていったのか。この物語を、私の目を通して書き残しておくことは意義のあることではないかという思いに至りました。

戦争の歴史なら、数多くの作家や歴史研究家がまるで見てきたかのように明らかにしてくれ、そこから多くの教訓を学び取ることができます。しかし企業の中で起こった出来事は、社外秘というヴェールに包まれています。多くの人間が企業活動に従事していながら、そこでの教訓を共有することが許されない。特に、会社のマネジメントは闇の中です。事業方針がどのようにして決められたのか知ることができないというのは、なんと不幸なことでしょうか。

先にも述べたとおり、私はソニーの半導体激動期である２００５年に副本部長に就任しました。素人本部長とプロの技術者集団が、日の当たらないデバイス部門で困難に立ち向かっていき、その都度、最善策を見出していったさまを、ぜひ見てほしいと思うのです。品川の本社から遠いがゆえに、ソニーらしさを一番残していたとも言われているメンバーに〝疾風に勁草を知る〟の精神を見ることができると思います。

コロナ禍の影響で巣ごもりをしている皆さんや、不条理な黒人差別に憤り絶望感をお持ちの方々、企業で働く戦士の皆さん、起業して苦労をされている方々に、何らかの示唆や勇気、刺激を感じていただければ、これ以上嬉しいことはありません。

なお、第3章を執筆するにあたっては、参考文献として、元ソニー半導体事業本部副本部長の川名喜之氏の著作『ソニー初期の半導体開発記録』を大いに参考にさせていただきました。ここに明記し、感謝を申し上げることとします。

文中は読者が読みやすいように人名の敬称を省略しました。諸先輩には不快な点もあるかもしれませんが、ご了解いただきたいと存じます。

目次

序章

ハワード・ストリンガーCEO就任

「次はハワードか！」

寝耳に水とは、まさにこのことでしょう。

２００５年３月７日、『日本経済新聞』は１面トップでソニーの社長交代を報じました。この日開催されるソニー取締役会で、ハワード・ストリンガーのＣＥＯ就任、並びに中鉢良治の社長就任を決めるという内容です。

ソニーの本社事業戦略担当業務執行役員であった私は自宅で新聞を開いてはじめて、この驚くべき人事を知ったのでした。

高揚した気持ちで東京・品川のソニー本社に向かうと、異様な光景が目に飛び込んできました。社員通用門には多くのマスコミが押し寄せて、会長の出井伸之をはじめとする取締役の登場を今か今かと待ち構えていたのです。

カリスマ一転「最悪経営者」に

１９９５年から10年間にわたりソニーのトップを務めてきた出井伸之ですが、前半は破竹の勢いで業績拡大に貢献して、脚光を浴びていました。

就任前の１９９４年に発売された家庭用ゲーム機「プレイステーション」は世の中に一大ブームを巻き起こしていましたし、平面ブラウン管テレビ「ＷＥＧＡ（ベガ）」や、ソニーにとって初のパソコン「VAIO（バイオ）」、エンターテインメント犬型ロボット「AIBO（アイボ）」など、多くの話題を集める商品を世に出していました。WEGAは従来のテレビよりも1・5倍の価格で売れたため収益にも貢献し、ソニーは一時期、世界最強のディスプレイカンパニーになったと記憶しています。

当時の出井には、前任の大賀典雄会長時代をしのぐような勢いがありました。ソニーの株価（株式分割調整ベース）は出井が社長就任したときの2050円から2000年3月には1万6300円と約8倍にまで上昇していたのです。

出井はソニー社長という立場を超えて、時代の寵児としてももてはやされていました。小渕恵三元総理の同窓ということもあり、国家戦略の1つである「IT（情報通信技術）戦略会議」の議長も務めるようになりました。自ら計画立案に関わった「e-Japan戦略」の提言などを行い、これから訪れる通信革命、インターネット時代の到来への警鐘を鳴らしました。年に1回、スイスで開催される世界経済フォーラム年次総会（ダボス会議）では議長を務めるなど、世界を股に掛けた活躍は大きな注目を集めました。

しかしソニー社内では、徐々に現場との軋轢が生まれるようになっていたのです。出井が掲げた「IT変革」や「EVA経営（事業ユニットごとに経済付加価値を計算して報酬に結び付ける）」などの経営手法は、長年にわたりメカトロニクス（電子技術で制御する精密機械製品）を得意としてきたソニーの技術系社員に理解されませんでした。

　歪みは開発や業績にも現れ始め、株価もピーク時の4分の1の水準にまで下落し低迷していました。ついに2004年には米『ビジネスウィーク』誌から「世界最悪の経営者」の烙印を押され、業績悪化のみならず、ものづくりを軽視した経営者との批判も浴びてしまったのです。

　株価低迷を受けて、ソニーの社外取締役は社内外にヒアリングを開始しました。経営幹部の中には問題意識を持っていた人が多くいたようで、社外役員たちは的確に問題を把握したうえで、ついに社長の安藤国威とともに経営トップ2名の退陣を図ったのでした。

「会社に殺されるよ」

　就任当初の出井は、すべての事業ユニットをすみずみまで理解し掌握しないと、自信を持って的確な方針を指示できないと感じていたようです。報告をこと細かに聞き、導入予定の製品デザインをチェックし、研究開発者の中に埋もれている人はいないか話を聞きに行きました。そこで見出した近藤哲二郎という異能技術者を抜擢したり、はたまた世界のスター経営者のところへ出かけて行ってはアライアンス（提携）の話をまとめてきたりと、まさにスーパーマンのような活躍でした。

出井のようなやり方はたとえて言うなら、マラソンを100m走の全速力で走るようなものです。

「このままでは会社に殺されるよ」

出井がため息をついていたのを何度か目にしたことがあります。

その言葉は偽らざる本音だったのでしょう。経営戦略策定に特化したグループ本社機能「グローバル・ヘッドクォーター（GHQ）構想」や、映画や音楽といったエンターテインメント事業、生保・損保といった金融事業、ゲーム事業、エレクトロニクス事業を独立させ等距離に置き、本社は経営指導の立場をとる「グローバル・ハブ（GH）構想」、アメリカの持株会社化など、さまざまな検討を行い始めました。1人のカリスマに頼らない自動操縦のような仕組みをなんとか取り入れようと、試行錯誤しているようでした。

スーパーマンの時代ではなくなっていた

途中から出井は、社長兼COO（最高執行責任者）に安藤国威を指名することで事業運営を任し、自らはCEOとして経営戦略に特化する体制に移行しました。

しかしその後もすべての権力はCEOに集中したまま。社員は出井CEOの決定を待つようになり、会社の動きがだんだん遅くなっていくように感じられました。

ソニー創業者の井深大と盛田昭夫、そして中興の祖である大賀典雄といったスーパー経営者が偉大すぎたので、指導者の決定に頼る体質が形成されていたのかもしれません。そして、先人たちの時代より事業領域を拡大しすぎていました。

基幹事業のエレクトロニクスはメカトロニクスからＩＴの時代へと変化していました。その象徴が、２００１年に米アップルが発売したデジタルオーディオ機器「ｉＰｏｄ」です。楽曲を1曲ずつダウンロードできるｉＰｏｄの革新性は、ソニーのポータブルオーディオプレーヤー「ウォークマン」のビジネスモデルを揺るがす存在となっていったのです。

ブラウン管テレビは液晶テレビへと移り変わる最中でした。

ソニーにはいわゆる軽薄短小、ウォークマンに代表されるような小型の精密機器を得意とするメカトロニクスエンジニアが多くいます。トリニトロンブラウン管に代表される、電子管エンジニアたちもたくさん抱えていました。これまで強みとされてきたソニーの開発体制が、ＩＴ時代の流れに遅れつつあったのです。

スティーブ・ジョブズのアップルと戦っていくために、社員や組織の能力を結集させて、集団で実力を発揮するための団結力が問われていました。1人のスーパーマンではなく、ラガーマンのようにワンチームで戦う体制が望ましかったのです。

こうした中で２００５年6月、ハワード・ストリンガー新ＣＥＯが誕生しました。新体制に期待されるのは、エレクトロニクスとゲーム事業の収益改善でした。エンターテインメント事業については、それまでアメリカで指揮を執ってきたストリンガーの功績もあり改善されてきていましたので。

ハワードは「ソニーユナイテッド」というスローガンを掲げて団結を呼びかけました。彼はソニーに突きつけられていた課題を把握できていました。あとはどう実行するかの問題でした。

「出井社長」とは何だったか

トップ在任10年に及んだ出井をどう評価するかは人によってさまざまでしょう。

出井社長時代、私はテレビやモニターの事業を行うディスプレイカンパニーに異動していました。職務は商品企画、マーケティング、それに事業戦略を担当する戦略担当バイス・プレジデントという肩書きが付いていました。

「世界最強のディスプレイカンパニーになれ」

就任間もない新社長の出井から、こんな明快なミッションが出されたことがあります。

私は、ディスプレイカンパニーのプレジデントに指名された中村末広とともに、作戦を考えることになったものです。

2人で出した結論は実にシンプルでした。パナソニックやオランダ・フィリップスといった強豪メーカーを抜くには、誰が見ても違いがわかるテレビを作るしかない。

早速、主要エンジニアを集めてブレーンストーミングを重ねることになりました。

「これまでにない新しいカラーテレビでなければ意味がない」

「新構造の平面ブラウン管を開発してはどうか」

「開発には何年かかるのか？」

活発な議論を交わすうちに、新構造のブラウン管を使ったテレビを発売するまでには通常3年は必要ということがわかりました。しかし、そこは中村末広によるトップダウンと、「世の中にないテレビを1日でも早く世に出す」というソニーの優秀なエンジニアの夢を実現したい情熱で、わずか1年後の1996年11月にWEGAを世に送り出すことができたのです。出井のクリアなミッション提示と中村の熱意が現場に伝わった結果なのだと思います。

決して出井は時代を見通せなかったわけではない。むしろ時代を予見するなら出井の右に出る人はいなかったでしょう。ただ、ソニーに必要だったのは団結力だったのです。

失礼ながら、出井は目いっぱいの背伸びをして自分を追い込み、それによって自分を高めていくタイプの経営者なのかなと感じていました。私にはそんな真似は決してできないとも思ったものです。

第1章

問題だらけの事業本部

時代の流れに遅れつつあったソニー。

同じようなことは、本書の舞台である半導体事業本部にも起きていました。

主力商品であるＣＣＤイメージセンサーが早晩、ＣＭＯＳイメージセンサーに取って代わられると見られていたのです。

ＣＣＤがなくなる!?

イメージセンサーは撮像素子ともいいます。光を感じて電気信号に変換する半導体センサーで、〝電子の目〟とも称されます。デジタルカメラに代表される光学機器の重要な部品です。

フィルムカメラでいうならフィルムにあたります。カメラのレンズを通って入ってきた光をイメージセンサーがお皿のように受け止めて、画像を作り出す大切な部品です。

ＣＣＤはCharge Coupled Device（電荷結合素子）の略で、１９６９年にアメリカのベル研究所で開発されました。ソニーはそれをイメージセンサー用に研究開発し、世界で初めてビデオカメラ撮像素子として製品化しました。

ＣＣＤイメージセンサーは画素と呼ばれる小さな素子が集まってできています。よく８００万画素、１２００万画素などと言われるのは、イメージセンサーの画素数のことです。

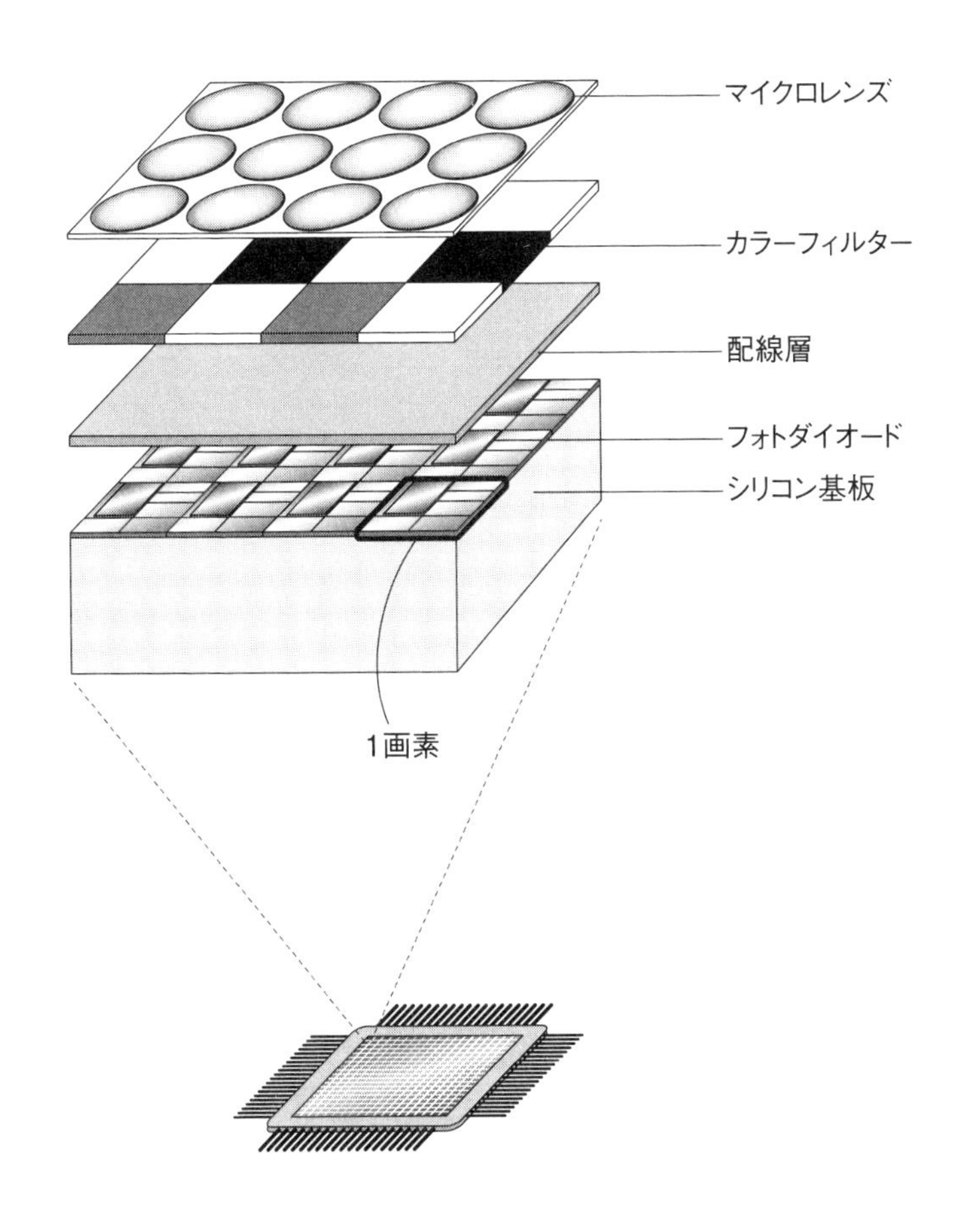

イメージセンサーとは

イメージセンサー（撮影：梅谷秀司）

1つひとつの画素にはフォトダイオード（受光素子）があり、電荷が蓄えられます。この電荷がバケツリレーのようにアンプ（増幅装置）へと転送され、増幅することで電気信号に変換されます。

CCDイメージセンサーは、最初は全日本空輸（ANA）の飛行機のコックピットカメラに搭載されるなど、業務用が主流でした。1985年に8㎜カムコーダー（VTR一体型ビデオカメラ）に搭載されて以降は、民生用の動画撮影用カメラでソニーのCCDが9割超という圧倒的シェアを誇っていました。

一方のCMOSイメージセンサーのCMOSとはComplementary Metal Oxide Semi-conductor（相補性金属酸化膜半導体）の略で、フォトダイオードとアンプで電荷を電気信号

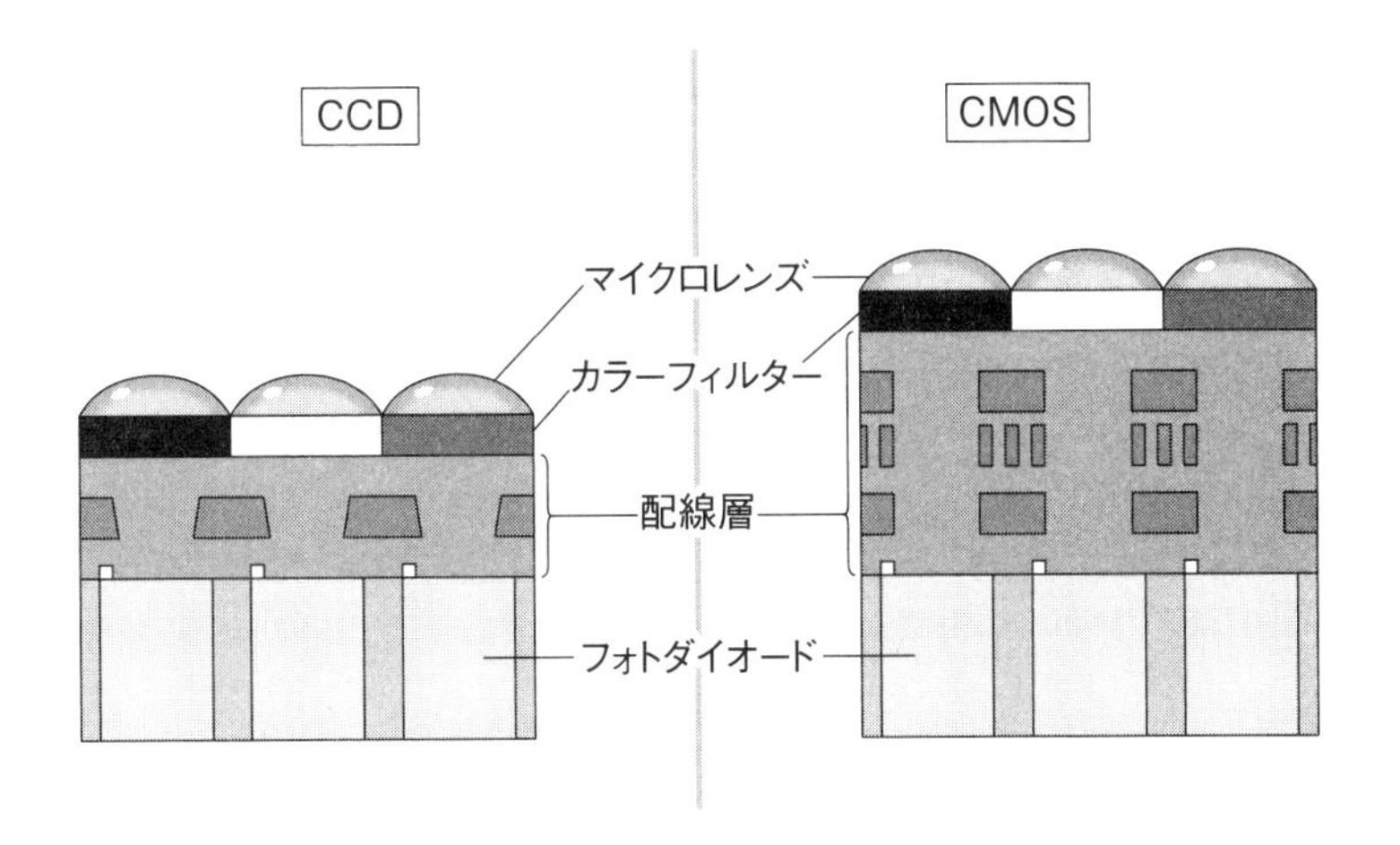

CCDイメージセンサーとCMOSイメージセンサーの違い①

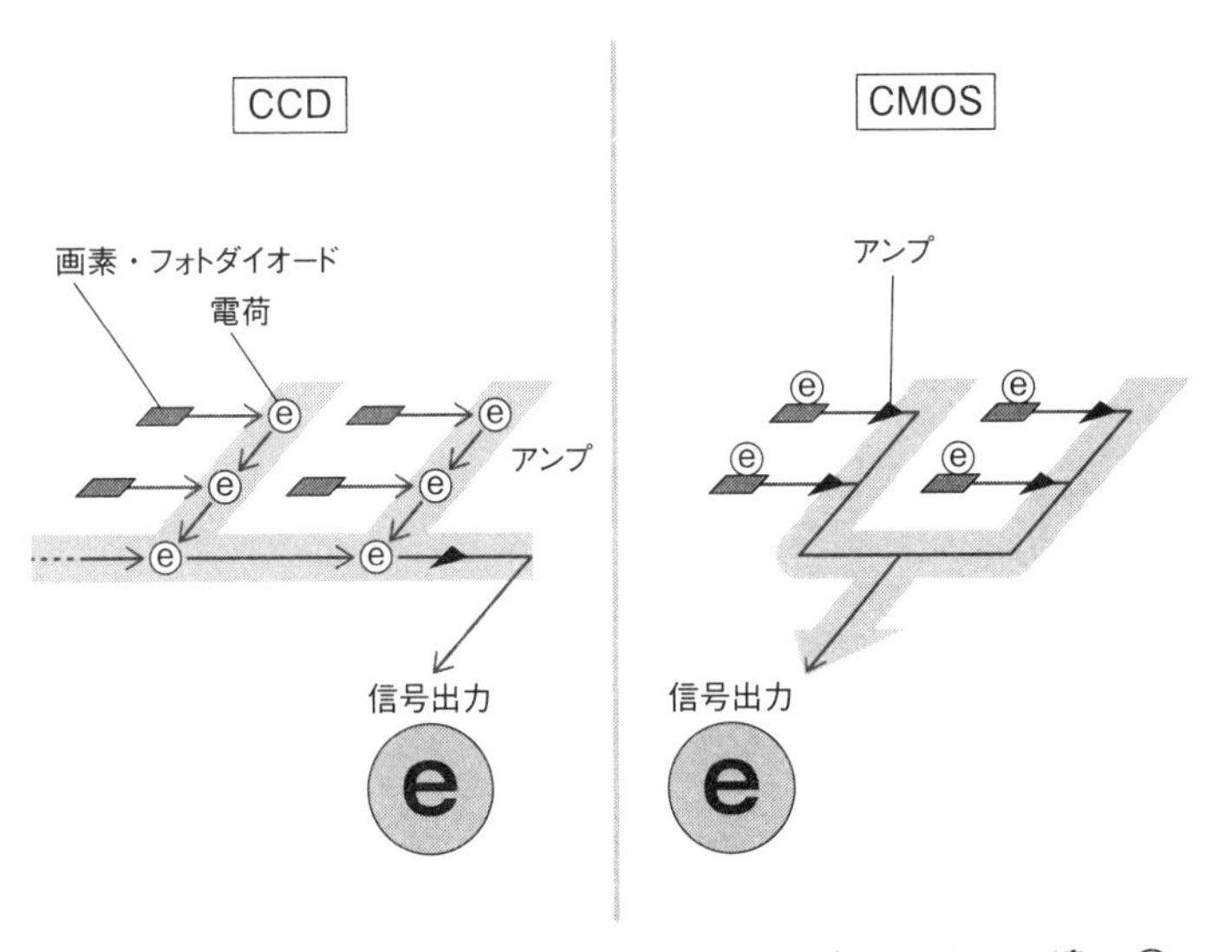

CCDイメージセンサーとCMOSイメージセンサーの違い②

に変換する仕組みじたいはＣＣＤと同じです。ただし画素ごとにアンプを組み込んであるため、電荷を一気に伝送できます。さらに、すべての仕組みを1個の半導体に作り込むシステムオンチップ化が可能となるため、処理速度が高速化できるメリットがありました。

一言で言えばＣＭＯＳイメージセンサーのほうが高精細かつ高速に撮影できるようになるため、ＨＤ（High-Definition、ハイビジョン）放送や将来の４Ｋ（フルハイビジョンの4倍の画素数を持つ高画質）放送時代に主流となる可能性がありました。静止画であっても、今では当たり前となった秒速連写などはＣＭＯＳイメージセンサーが適することがわかっていました。

ＣＭＯＳにシフトせよ

ＣＭＯＳイメージセンサーがＣＣＤイメージセンサーに取って代わるかもしれない――。ソニーは、ＣＣＤイメージセンサーという金のなる木が枯れてしまったらどうするのかという不安に襲われるようになっていたのです。

ソニーが圧倒的シェアを握る動画撮影のイメージセンサー市場を守り抜くためには、ＣＭＯＳイメージセンサーでも世界一の技術力を保持することが必須でした。

意外かもしれませんが、ＣＣＤの危機を最初に警告したのは、ＣＣＤの生みの親である越智成之でした。彼は研究者らしい誠実で物静かな人物で、普段は決して自分を売り込んだりアピールしたりしないと周囲から見られていました。

その越智が、しかもCCDイメージセンサーを否定しかねないCMOSイメージセンサー開発の重要性について、半導体事業本部内だけでなく、本社の投資を審議統括する経営戦略本部にも啓蒙して回り始めたのです。2000年ごろのことです。

「本社は技術の変化をじゅうぶん理解したうえで戦略を構築し、投資を行わなければならない」

越智が熱心に説いている姿は、まだ本社の事業戦略課長だった私にとって驚きでした。部品部門の開発者がわざわざ品川にまで押しかけて、啓蒙活動を行っているのですから。

ただ、越智の行動は正しかったと思われます。ソニー本社では得てして、最終商品の開発や戦略に注目が集まりがちです。実際、当時の私も「プレイステーション2」のようなセットを開発するための投資検討にばかり目が向いていました。

ソニー技術者のおもしろさは、こういうところにあります。

創業者の井深は、ソニー独自のトリニトロン方式テレビを新たに開発したと発表した次の日には、別の開発テーマに夢中になるような人でした。越智も、自分たちが開発した虎の子技術であっても、それを凌駕する技術に対しては敬意を払い、チャレンジすることに情熱を燃やす。越智はいわば最もソニーらしい主張をしたのです。

久夛良木のCCD禁止令

越智を後押しするかのように、事業面から啓蒙活動を加速させたのが、ソニー・コンピュータエンタテインメント（SCE）社長で、当時は半導体本部長を兼務していた久夛良木健でした。プレステ生みの親でもある久夛良木は、技術全般に造詣が深かったのです。

「将来の投資はCMOSイメージセンサーに特化すべきだ」

「薄型テレビでは、プラズマテレビではなく液晶が主流になる」

「インターネット時代の新しい流れに対応するなら、プレステをやっているSCEという新しい革袋に任せろ」

エッジのきいた方針を次々と出し、強い影響力を与えていました。

この鬼才を愛したのが元会長の大賀典雄です。久夛良木に将来は世界の経営者と肩を並べる人間になれと励ましたりしていました。そのためにと、スティーブ・ジョブズを招待できるような邸宅を東京都内に建設することをアドバイスするなど、帝王学を学ばせていたのです。

私にとって久夛良木は、入社年度が1年先輩という関係です。1975年、1976年入社はオイルショックで採用数が絞られた時期ですから同期は50人弱しかおらず、先輩、後輩の友人を通して交流がありました。その私から見ても、久夛良木は日本のジョブズのような鬼才、天才だと思いました。ただしソニーも日本の会社であり、日本の資本主義の論理で動いていたので、アメリカのような壮大なドリームが見られなかったことは残念です。

久夛良木は、半導体経営会議では担当の鈴木智行・半導体事業部長にCMOSイメージセンサーの開発進捗を逐一報告させていました。会議ではいつも厳しく責められ、それは大変だったと鈴木の同僚だった半導体幹部から聞いたことがあります。

2004年、ついに久夛良木は、CCDイメージセンサーの増産投資を禁止すると宣言してしまいます。当時はデジカメ市場が成長していましたが、静止画しか撮らない機種が一般的でした。CCDは明るくコストも安いため重宝され、カメラメーカーから増産要求が強く来ていた最中での禁制です。

久夛良木の見通しは正しくても、鈴木には目の前の顧客に対応する必要があります。この無理難題に、鈴木は大変苦労したと語っていました。CMOSイメージセンサーと両用の投資であることを強調しながらCCDイメージセンサーの投資決裁をお願いしても、ギリギリまで久夛良木から突き返しを食らったそうです。

そんな難局に苦しんだ鈴木ですが、

「ソニーのＣＭＯＳイメージセンサーの開発をここまで加速させたのは、久夛良木さんのおかげ」

こう振り返っていたのを聞いたことがあります。

痛い出遅れ

ソニーがＣＭＯＳイメージセンサーを初めて商品化したのは２０００年のことです。ＡＩＢＯの鼻の部分に搭載され、ＡＩＢＯの目として働くとともに、呼びかけると写真を撮ってくれるというものでした。

同じころからＣＭＯＳイメージセンサーを生産する準備も進めていったのですが、実は、その先には根深い問題が２つも存在していました。

１つは特許の問題です。ソニーがＣＭＯＳイメージセンサーを開発したのは、業界内では最後発でした。そのため、主要な特許の多くを他社に握られてしまっていました。

ＣＭＯＳイメージセンサーが、既存の半導体メーカーにとって参入障壁が低かったことも問題でした。ＣＭＯＳの技術はＤＲＡＭ（半導体記憶装置）やＬＳＩ（大規模集積回路）などと共通点が多いのです。

半導体メーカーとの技術競争にさらされることになれば、業界内では存在感の小さいソニーでは、技術開発のトレンドについていけなくなる懸念があります。さらに、半導体メーカーたちが使い古した一世代前の工場でCMOSイメージセンサーを製造し始めたら、減価償却費でコスト競争に勝てなくなるということは明らかでした。

唯一の楽観材料は、当時のイメージセンサー市場は今ほど大きくなく、大手半導体メーカーがどこもCMOSに興味を示していなかったことでしょうか。

イメージセンサー最大の仕向け先は民生用カムコーダーで、中でも8㎜カムコーダーではソニーがシェアを独占していました。比較的新しい仕向け先であるデジカメ向けに関しても日本メーカーが強く、海外の競合メーカーと比べるとソニーには地の利もありました。

2005年前後になっても、競争相手はCMOSベンチャーというのが実態でした。のちに韓国のサムスン電子がカメラ事業参入とともにCMOSイメージセンサー事業にも参入しましたが。

プレステ3の大誤算

特許と競合という2つの問題をはらみつつも、ソニーのCMOSイメージセンサービジネスはスタートしました。2003年には携帯電話のカメラ向けにも商品化されます。

ところが困ったことに、旗振り役である半導体事業本部にある重大な問題が降りかかったのです。

２００６年11月に発売が予定されていた次世代ゲーム機、プレステ３についての問題です。いよいよ発売という時期になって、プレステ３がプレステ１やプレステ２のように大成功を収められるか疑わしくなってきていたのです。

半導体はゲーム機の頭脳です。ソニー半導体事業本部は、プレステ３の主要な半導体チップを生産するために巨額の投資を行い、供給の準備をしていました。

１９９４年に初代機が発売されたプレステのビジネスは、開発者でありビジネスマンでもある久夛良木がゼロから作り上げたものです。

ゲーム機そのものの売り上げもさることながら、プレステ向けのゲームソフトが売れるごとにロイヤルティ収入がソニーの懐に入ってきます。この仕組みによって、ソニーは〝ゲームビジネス連鎖〟の頂点に立つことができました。ソニーの歴史上誰もなしえなかった、バリューチェーンを完全に支配できるビジネスモデルを大賀は絶賛したものです。

２０００年代中盤になると、プレステはソニーの基幹ビジネスになっていました。満を持して発売するプレステ３は、米ＩＢＭと東芝、ソニーで共同開発したＣＰＵ（中央演算装置）であるプロセッサ「Cell Broadband Engine」が搭載され、抜きんでた高速処理で他社の追随を許さない仕様となっていました。

しかし瀬戸際で、ソニーは思わぬ裏切りにあいます。ＩＢＭが似て非なる技術をマイクロソフトに提供してしまったのです。

これによってマイクロソフトは２００５年11月に家庭用ゲーム機「Ｘｂｏｘ ３６０」を発売しました。ＩＢＭとしては、開発した技術を最大限活用しただけであり、利益の追求が企業の目的です、ということだったのかもしれません。しかし共同開発の成果物には、守秘義務や独占の権利が伴うはずです。

ＩＢＭとの間には、守秘義務条項や独占条項が含まれた契約書がちゃんと存在しました。ただ、契約交渉の場には弁護士が毎回現れて、クライアント（ＩＢＭ）に有利になるように事を運んでいるように思えました。日本企業との交渉では考えられないスタイルです。ソニーも優秀な社内法務スタッフが応戦したのですが、ＩＢＭ内部でのファイアーウォールの不備や意図的な社内リークがあったとしても、このことをソニー側から証明するのは至難の業だったと思われます。

契約とは、お互いを信頼することで成り立ちます。彼らの行動はその信頼を裏切っているかのようにこちらからは見えました。身勝手な論理かもしれませんが。

のちにＩＢＭから内部告発があり、新聞報道もされたように記憶しています。結局は訴訟を起こして契約違反を確かめたわけではないので真相はやぶの中です。

とにかく、ＩＢＭの翻意でソニーの目算は大きく狂いました。プレステ３発売はもう目前に迫っています。

プレステ３とは、ゲーム機をモデルチェンジするという単純な話ではありません。ソニーが開発費を持った高性能プロセッサを民生用ゲームへ応用するという一大ビジネスであり、それによって創出される次世代ゲーム機需要は本来ソニーが独占するはずでした。それが土壇場になって、巨大企業マイクロソフトと需要を二分――いや正確には、同じ時期に独自のプロセッサを積んだ「Ｗｉｉ」で参入した任天堂を加えて三分してしまうという好ましくない事態を迎えてしまったのです。

会社としてもさることながら、半導体部門としては一大事でした。Ｃｅｌｌプロセッサの生産量は、下手をすれば期待の３分の１以下にとどまるかもしれないのです。

巨額投資回収に暗雲

巨額投資の回収にも暗雲が漂い始めました。

「ソニーは積極的な投資戦略により半導体チップのコストダウンを図る」という久夛良木の考えに従い、自社の長崎工場のみならず東芝、ＩＢＭの工場内にも設備投資を行っていました。必要な半導体の数量をじゅうぶん確保するとともに、低コストの実現を図るという作戦をとっていたのです。

ソニー半導体事業本部が不安のピークに達していた2005年6月、私は本社事業戦略部門の業務執行役員から半導体事業本部にCFO（最高財務責任者）・副本部長として赴任しました。

突然の異動命令

「なんで、1年で異動なんだ」

正直な思いでした。2004年6月にアメリカからの帰任命令が下り、事業戦略担当の役員に就任してから1年しかたっていなかったのです。とはいえ、予感めいたものはありました。

2005年3月の新体制発表から3カ月。出井伸之に代わり、ソニーの新しいCEOとなったハワード・ストリンガーは全社を管轄し、新社長の中鉢良治がエレクトロニクス事業を統括することになっていました。

中鉢はまず、本社体制の刷新と役員の配置の見直しを行いました。

そのころ、ソニーを辞めた社員が『ソニー本社六階』（当時本社ビルの6階に経営企画室や経営戦略室があった）という本を書き、ソニーの問題は本社にある、特に本社6階にいるスタッフ部門が元凶だと論じたのです。6階のスタッフ部門にいた著者がソニーを辞めた逆恨みで書いたものでしたが、この本を読んだ中鉢の友人である大学教授が6階の改革を進言したと、中鉢本人は話していました。

事業戦略担当役員だった私も6階改革の対象になったというわけです。たった1年しかいない私からすればとんだとばっちりですが、政権が代われば人事が変わるのは、どの会社でもよくあることです。

サラリーマンの人事異動はめまぐるしく起きるものです。特にソニーは人事異動と組織変更が激しく、名刺を作る印刷会社を儲けさせるために会社があると揶揄する人もいたほどです。

またこんなこともありました。新体制が発表されてから3カ月間、ハワードはアメリカ時代に旧知であった私と、ニューヨークでスタッフにしていた金川文彦という人を使って「プロジェクトジャパン」を始動させていました。主な内容は日本オペレーションの合理化、スリム化です。

これに難色を示したのが中鉢です。

「日本の運営は自分に任せてほしい」

ハワードにこうアピールし、プロジェクトジャパンを「プロジェクト日本」と再定義しました。

日本の商法では、社長の権限はかなり強いと考えられています。エレクトロニクスの運営は任せてもらえると信じていた中鉢は急遽、まだアメリカにいたハワードに直談判に行ったのでした。私はアメリカ式の「CEOに絶対権力がある仕組み」と、日本の社長が言う「社長の椅子の重み」の板挟みにあう格好となりました。

そんなごたごたの余波を食らっての、半導体事業本部への異動だったかもしれません。

人事はネアカに受け止めよ

人事異動の時期は、得てして本人にネガティブな情報ばかり入ってくるものです。

「斎藤は終わったな」

私も以前、陰でこんなことを言われたことがあります。出井伸之CEOの下で、2000年からはエレクトロニクス事業のCFOとなっていましたが、2001年にアメリカの販売会社であるソニー・エレクトロニクス・インク（SEL）を管轄するだけのCFOになったときのことです。

ただ、周りがどう言おうと、辞令を出すほうは案外、考えてくれているものです。

「こいつにもう一度、海外で責任あるポジションを与えてグローバルな人材に育てよう」
「こいつは頭でっかちになっているかもしれないから、事業を経験させて才能を見極めてみよう」

当時社長だった安藤国威がまさにそうで、異動する本人が考えもしない狙いがあったのです。

「俺は人事の天才だ。あなたもアメリカでの経験がすごく役に立ったでしょう」

のちに安藤が私にこう言ってくれたことを覚えています。どんな境遇となっても、物事をポジティブに捉えるかネガティブに捉えるかで変わります。

創業者の盛田もスピーチで語っていました。

「マネジメントの大事な気質は、ネアカであるかどうかが一番重要だと考える」

私は盛田の言葉をこう解釈しています。

「前向きに与えられた職務を人より戦略思考を持って、情熱を持って、ポジティブに実践するのがプロの経営者だ」

読者の皆さんもネアカであることをお勧めします。

厚木、仙台、ニュージャージー

半導体事業本部に異動してきた私の役どころは、まずは金庫番というところでした。なにせゲーム事業部門から依頼されて投資していた金額は巨額です。半導体事業本部の総投資額は2004年で1500億円、2005年で1400億円で、このうち半分以上がゲーム関連の投資でした。

新しく上司となる本部長は眞鍋研司。久夛良木が東芝から一番優秀な半導体の専門家を、といって引き抜いた大物でしたが、彼も私より少し前の4月に本部長に就任したばかりで、前職は半導体CTO（最高技術責任者）でした。

「何かお公家さんのような品性のある人だなあ」

これが私の第一印象でした。東京大学をトップで卒業したことをうかがわせる知性、教養、人格を有した人物です。自分の言いたいことをずけずけと主張し、野性味あふれる人材の多いソニーでは異色の存在でした。

眞鍋はどちらかというと開発者タイプです。ソニーの半導体は商売上、イメージセンサーやバイポーラ（双極トランジスタ）、ミックスドシグナル（アナログ信号とデジタル信号の混在技術）のエンジニアが多いのです。眞鍋のように、Cellプロセッサを率いるような最先端の微細加工領域のエンジニアからすると、ソニーは多少見劣りがしたかもしれません。

ソニーの半導体事業本部は神奈川県厚木市に事業の中心を構えています。ソニーでは「厚木、仙台、ニュージャージー（アメリカのニュージャージー州にアメリカの販売拠点がかつてあった）」と呼ばれる存在です。本社からの距離の遠さに加え、厚木事業所が取り扱っている半導体や放送局向け事業は創業初期からのビジネスです。カムコーダーやパソコンなど比較的新しい事業からすれば、いわば〝伝統芸能事業〟。古い体質を密かに揶揄しての呼び名でもありました。

ある日、眞鍋も含めたメンバーが厚木の社員食堂で昼食を取っていたときのことでした。眞鍋が、東芝の半導体がなぜトップであり続けるかということを解説し始めたのです。

「東大の卒業生のうち一番優秀なものはまず東芝へ入社し、次に富士通やルネサス エレクトロニクス、あとの残った変わり者がソニーに入ってくるのではないかなあ。だから日本の英知が東芝半導体には詰まっており日本一なんだ。ソニーはそりゃあ勝てないと思うよ」

私は、

「なにも食事中に、ソニーの半導体エンジニアが居並ぶ前で、そんな話をしなくても」

そう思ったのですが、眞鍋の言い方にはまったく嫌味がありません。あくまで科学者として事実を分析し、東芝やＩＢＭと協業する意義を伝えたかったのでしょう。

野人のプライド

１９８０年代以降、東芝や富士通、日立製作所の半導体事業は世界中でシェアを伸ばし、「日の丸半導体」として脚光を浴びました。彼らが市場を席巻したＤＲＡＭと比べれば、ソニーのＣＣＤイメージセンサーは市場規模が小さく、研究開発費や設備投資、開発人員なども それ相応のものでしかありませんでした。

しかしソニーの野人エンジニアにも、野人のプライドがあります。

ソニー半導体は、日本人がまだトランジスタの作り方や使い方を知らなかった時代に、元社長の岩間和夫がライセンス契約書１つで米ウェスタン・エレクトリック（ＷＥ）社に乗り込んでいき、驚異の執念で観察レポートを送り続けてトランジスタの民生実用化に先鞭をつけたガッツがあるのです。

岩間は地球物理学専攻で、ほかのメンバーも素人集団の集まりでした。そのメンバーが世界に先駆けてトランジスタの民生利用を成功させたのには、学校の成績では計り知れないものがあったのではないでしょうか。実際、ソニーはそうやってＣＣＤや一部の半導体で実績を出してきたのです。

「そう簡単に決めつけないでくれ。自由闊達精神あふれるソニーエンジニアを甘く見ないでくれ」

眞鍋を前にして、皆は心の中で、こう言いたかったと思います。

ただし、眞鍋本部長を非難したり、嫌ったりする者はいませんでした。紳士的で温厚で、さらに言えば、わざわざソニー半導体変革のために来てくれている人物です。眞鍋は皆から受け入れられていました。人徳のなせる業でしょう。

降ってわいた品質トラブル

半導体事業本部に異動して半年にもならない2005年秋のことです。私は思ってもみないトラブルに巻き込まれます。CCDイメージセンサーのワイヤーボンディング不良による品質トラブルです。

半導体は、シリコンウエハー（円盤状のシリコンの板）の上に電子回路を形成した後、ウエハーをチップサイズに切断し、リードフレームなどの金属基板に金糸で配線接続された後に、樹脂で封止されます。

この金糸での接合＝ワイヤーボンディングの工程が弱く、通電しなくなるというロットが多発したのです。

最初は影響の軽微な偶発不良化だと思われていました。ところが、九州の大学にも協力依頼して原因究明を進めると、深刻な問題が浮かび上がってきたのです。

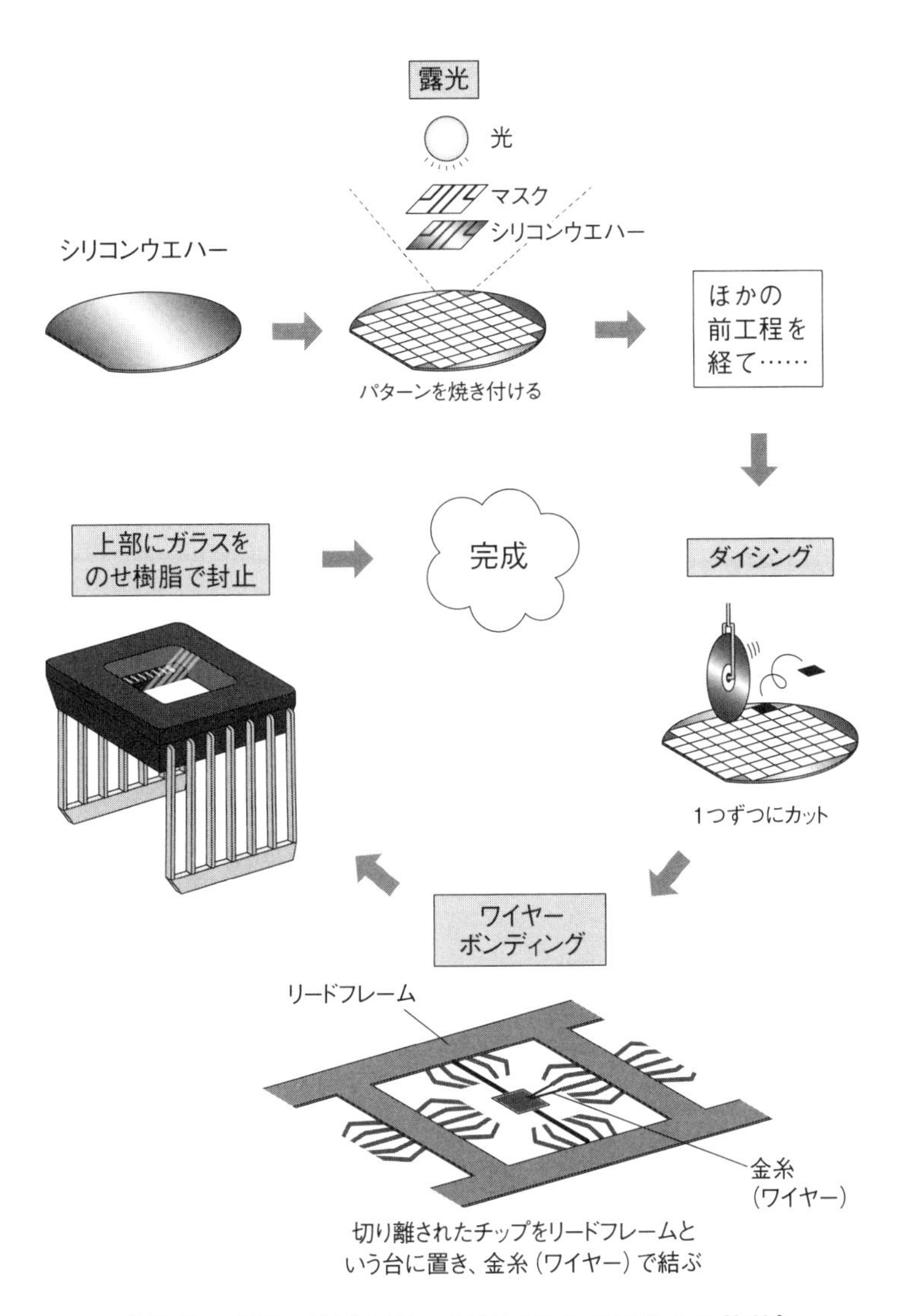

半導体の製造工程(本書の内容に関する部分のみ抜粋)

「どうしてヨウ素が入っているんだ」

原因究明でわかったのは、封止用樹脂に、本来入っていないはずのヨウ素化合物が存在し、これが水と反応して腐食性ガスを発生させ、金糸の結合部分が腐食し剝がれを起こすという事実でした。

生産工程削減のため、封止用樹脂をＵＶ（紫外線）硬化樹脂に替えたことがことの発端でした。工程変化の際の確認プロセスでトラブルが起きたのです。

担当者はＵＶ硬化樹脂への工程変更にあたってテストを繰り返しましたが、このときは特に問題はありませんでした。しかし、その後になって、材料メーカーが無断で、軟化剤としてヨウ素化合物を混入させていたのです。材料メーカーの一存では変更できない決まりになっていたのですが、どうも樹脂の製造を容易にする目的だったようです。

材料メーカーを提訴したところで、先方に補償費を払う体力があるはずもありません。とにかく工程を元に戻したらしいのですが、ここでソニーも痛恨のミスをおかします。

命取りのミス

ヨウ素が腐食性ガスを出すには水分が必要です。当時、ソニーが生産するＣＣＤイメージセンサーのパッケージにはプラスチックとセラミックの2種類がありました。プラスチックは水分を通す一方で、セラミックは水をまったく通しません。

それならということで、プラスチックパッケージの製品は元の樹脂に戻す、ただしセラミックパッケージの製品はヨウ素が入った樹脂のままでも問題ないだろう、変更の必要なし、という判断をしてしまったのです。

たしかに実験室の中では、セラミックパッケージはまったく水分を受け付けませんでした。ところが、実際に使われるときには電気基板の上ではんだ付けされます。はんだ付けの温度は200度を超え、その工程でセラミックパッケージにクラック（ひび）が入ることがあったのです。

結果的に、このクラックから水分が浸入して腐食性ガスが発生してしまいました。高温多湿のアジア地域などで頻発したと記憶しています。

セラミックパッケージは、民生用のカメラや携帯電話向けのパッケージに多く使われており、影響は甚大でした。セラミックもプラスチックと同様、工程を元に戻しておいてくれさえすれば――。後悔しても後の祭りでした。

一般に工程変更はさまざまな問題を誘発する恐れがあり、その全プロセスをトレース（追跡）できるようにし、何かあればその原因を追求できるようにするとともに、不要な変更はご法度というのが品質管理の原則です。

ただ、プロセスは自社内だけに閉じていないこともあります。セラミックパッケージのケースでは、ソニーが自社プロセスでのみ判断を行い「問題は起きえない」と拙速に判断したことが、のちに膨大な回収費用を生む原因となってしまったのです。全体のプロセスを確認するまでは、検証が済んでいる状態にすべて戻すのが原則だったのかもしれません。

お詫び行脚の日々

それからは顧客先へのお詫び行脚が始まりました。補償額も確認しなければなりません。本社への説明にも追われました。

本部長の眞鍋と、この事業担当の副本部長でCCD一筋の鈴木智行、そして私の3人は来る日も来る日も頭を下げ続けました。研究者出身で、今まで叱られた経験などないと思われる秀才の眞鍋にとっては初めて味わう屈辱感でしょうし、当事者である鈴木はクビを覚悟していたようでした。

ある日、鈴木は営業部長とともに私をカラオケ店に連れて行き、

「どうしてもあなたの協力が欲しい。あなたが頼りだ」

こう言ってきたのです。就任間もない、いわば外様の私をどうしてそんなに頼りにするのかそのときは正直理解できなかったのですが、このとき以降、鈴木主催の対メーカー補

償対策会議にいつも私を呼ぶようになりました。

底が知れない巨額の品質問題を出し、どこかで進退伺いを出さなければならない状態。しかもセラミックパッケージについては自分も責任を感じている、後悔もしている——この状態で平常心を失いそうになり、味方が欲しいのだろうと感じました。

この時期、鈴木はインターネット掲示板『2ちゃんねる』などに部下から悪口を書かれていたようです。

「秘書と部下数名を呼んで、自分がここに書かれているような『パワハラ系の傲慢な男』か率直に聞いてみた。自分に何か非があるなら何でも言ってほしい、すべて出直したいから」

こう言って、部下たちから逆に慰められたと私に話していました。

危機的状態において傷口に塩を塗るようなうわさ話や無責任な発言をする人はよくいるものです。鈴木の会社人生の中で最大の困難だったのでしょうが、彼はそれに立ち向かえる人でした。

尊敬する伊庭保・元ソニーCFOからもらった漢詩の一部に、『盤根錯節(ばんこんさくせつ)に遇わずんば何ぞ以て利器を別(わか)たんや』というのがあります。盤根錯節というのは、わだかまった根と入り組んだ節のこと。苦境に立って初めてその人の実力が知れるという意味です。

後にも述べますが、鈴木は処分されることなく、最終的にはソニーの副社長にまで上り詰めます。単に運がよかったと思われるかもしれませんが、この本の登場人物は皆、前向きに努力して報われた人たちです。

雪だるま式に増える補償

品質トラブルが起きたとき、やるべきことは意外にシンプルです。

営業と協力して、相手先企業に対し修理部品を供給すること。補償の交渉を行い、その請求に対し円滑な支払いを行うこと。この2つです。

一番大変だったのが、車載用カメラにCCDイメージセンサーを納入している顧客に対しての対応でした。車載用カメラメーカーと自動車メーカーの両方が納得する補償をしなければなりません。しかも、ソニーの部品販売は代理店を通じて行われていたので、代理店が交わしている契約内容をよく聞かないと先方の納得が得られません。

すっかりしょげている鈴木を励ましながら交渉を進めていると、補償の将来に向けての引き当て額が四半期ごとに増加していくのが明らかになってきました。不良が出る台数の予想も四半期ごとに増加していきました。

当たり前ですが、社長の中鉢には大いに叱責されました。

「おい、お前たち、毎回毎回ワイブル分布で計算したと言っているが、こんな計算は到底信用できない。わかるように説明できるまで厚木に帰ることはまかりならんぞ。この3人、どういう計算をしているのかまったく信用できない」

ワイブル分布とは確率分布の一種です。

経営会議の席から退出させられたわれわれは、廊下に立たされた生徒のようにうなだれました。

いつぞやは中鉢からこう言われたこともありました。

「サルでもわかる品質不良の説明をしてくれ。引き当て金額予測の根拠を示せ。台風だって予報円のどこかに入るものだが、お前たちの予想はまったく外れる」

「社長として（半導体の担当執行役も兼ねている）取締役会に引き当ての上方修正を報告しなければいけないが、これでは説明しようがない。おいそこの広報、お前たちは素人だろう。今の説明わかったか、わかったならサル並みの素人としての理解を俺に言ってみろ」

それはそれは大変なご立腹でした。

社外取締役は専門外なので、この人たちにわかりやすく、そして理解しやすく説明できるようにしてくれという意味のようでした。事実、社外役員の中にはワイブル分布を使っ

た統計手法を適用して品質部門が計算した引き当て額について、

「あいつらが恣意的にいつも低く見積もっているのでは」

こう疑問を呈す人まで現れました。私の経歴を事務局に聞く人までいたほどです。

発火問題が追い打ち

実はこの時期、中鉢はもう1つ、同じくらいやっかいな品質問題を抱えていました。リチウムイオンバッテリーの発火問題です。

ソニー製のバッテリーを内蔵したパソコンが発火したというニュースが、連日マスコミを賑わせていました。数億個に1個の割合で、バッテリーセルに鉄粉等のごみが入ると、中でショートが起きて発熱・発火が起きてしまいます。それが市場に出ないようにするため、すべてのバッテリーセルにはエイジングテスト（耐久試験）が実施されるのですが、完全には取り除けていなかったようでした。

ごみ混入をゼロにするのはなかなか厄介なのですが、ユーザーからすれば火を噴くなど到底許される問題ではありません。社内では「この電池が作られていた時代は、中鉢社長が担当の本部長だった」と陰口をたたく者もいました。

デバイス（部品）出身の中鉢にとって、新体制発足の大事なときに、出身母体が2つも品質問題を出してしまったのです。顧客の信頼失墜と数百億円におよぶ補償問題というトラブルを抱え、肩身の狭い思いをしたことは想像に難くありません。

しかもこのリチウムイオンバッテリーの件は、収拾にも苦労しました。

「この品質不良は自分が引き起こしたものではない」

当時新任だった事業部長がこうした態度だったため、担当替えになったと記憶しています。鈴木副本部長とは正反対の対応があだとなったと理解しています。

危機に接すると言い訳をしたり逃げたくなったりするものです。私はテレビ事業を担当していたころ、ディスプレイカンパニープレジデントの中村末広からこう教わりました。

「前任者の不始末もすべて現担当の責任だ。すべてを背負って責任持って立ち向かう気概がないといけない。自分の担当領域で猫が死んでも自分の責任、他人のせいにしてはいけない」

「その代わり、ヒット商品を生む技術なんて大体は過去の人たちが仕込んでくれていたものの中から出るんだ。それはそれでありがたく頂戴していい。それがトップマネジメントというものだよ」

中鉢は人間模様にも悩まされながら、就任早々、巨額の補償引き当てを積まなければならないという船出でした。実際、ＣＣＤワイヤーボンディング不良とバッテリー発火という2大問題の経営インパクトは、ほぼ同額で財務諸表を傷つけたのです。

第2章
「もう半導体はいらない」

ＣＣＤイメージセンサーとリチウムイオンバッテリーの品質問題に頭を悩ませたソニー社長の中鉢良治は、人事のテコ入れを図ることにしました。２００６年10月、副社長として剛腕２人を抜擢したのです。

１人はカムコーダーやオーディオを担当していた中川裕で、デバイス部門を管轄する副社長に起用されました。もう１人の井原勝美は、民生用セット部門を管轄する副社長となりました。さらに、半導体事業本部長は中川が兼務することになり、眞鍋は副本部長に降格となったのです。

眞鍋に定年が迫っていたことを考えると、降格人事というほどではなかったかもしれません。しかし、半導体事業本部内はプレイステーション向けのＬＳＩ人材が主流を占めていたため、民生部門からの本部トップ就任に衝撃が走りました。

この年の12月には、久夛良木がソニー・コンピュータエンタテインメント（ＳＣＥ）会長に退き、社内力学が変わってきたように見えました。事実、２００７年３月期のアニュアルレポート（年次報告書）では、中鉢、井原、中川の３人がインタビュー形式で経営方針を述べています。

中川本部長登場

半導体事業本部の新本部長に着任した中川は、久夛良木体質の一掃から着手しました。

「俺に嘘つくな」

「無駄なことはするな」

「人を信用するな」

自由闊達なエンジニア集団を前に、こう第一声を放ったのです。

それぞれの意図するところは、

「事実を正しく報告していただきたい」

「コストにもっと厳しく」

「別ルートで裏を取れ」

ということだったのですが、そんな説明は一切なし。一同は驚愕しました。

久夛良木にソニーを潰されてたまるかという危機感が、このころのソニートップに漂い始めていたのは事実だと思われます。プレステ3の発売は1カ月後に迫っていました。

「プレステは10年続くプラットフォームだ。簡単すぎては、10年の技術の進歩についていけない」

久夛良木の与える技術目標は、いつもチャレンジングでした。儲けについては「最初の5年は赤字、後半5年で儲けて回収すればよい」という方針。これを、ハワード・ストリンガーCEOも中鉢も容認できなかったようです。

ソニーには、そこまでの余裕がなかったのです。IT革命の時流に乗り遅れ、エレクトロニクスの収益性にも陰りが出ていました。

実際、今回のプレステ3は無理をしすぎていました。

前世代のプレステ2と新しいプレステ3の互換性を取るために、赤色レーザーと紫色レーザーの両方が同一デバイスから発せられるオプティカルディスクドライブ装置が採用されました。マルチコアのCPUを8個も搭載したCellプロセッサと、最新鋭グラフィックス用GPU（Graphics Processing Unit。グラフィックス半導体。コンピュータゲームに代表されるリアルタイム画像処理に特化した演算装置）の「RSX」、さらには民生用ではまだ高価だったブルーレイレコーダーの機能まで搭載されたのです。

これをゲーム機として大人はもちろんのこと、子供にも買ってもらえる値付けで売ろうというのです。

Cellプロセッサをはじめとした部品の歩留まりをすぐに上げるのは困難です。ゲームのライセンス収入もすぐには入ってきません。ソニートップの不安は最高潮に達していました。実際は、90ナノのデザインルールで作られていた半導体チップが今後65ナノ、45ナノへと小さくなれば劇的にコストが下がるのですが、そこまで待つ余裕がなかったのだ

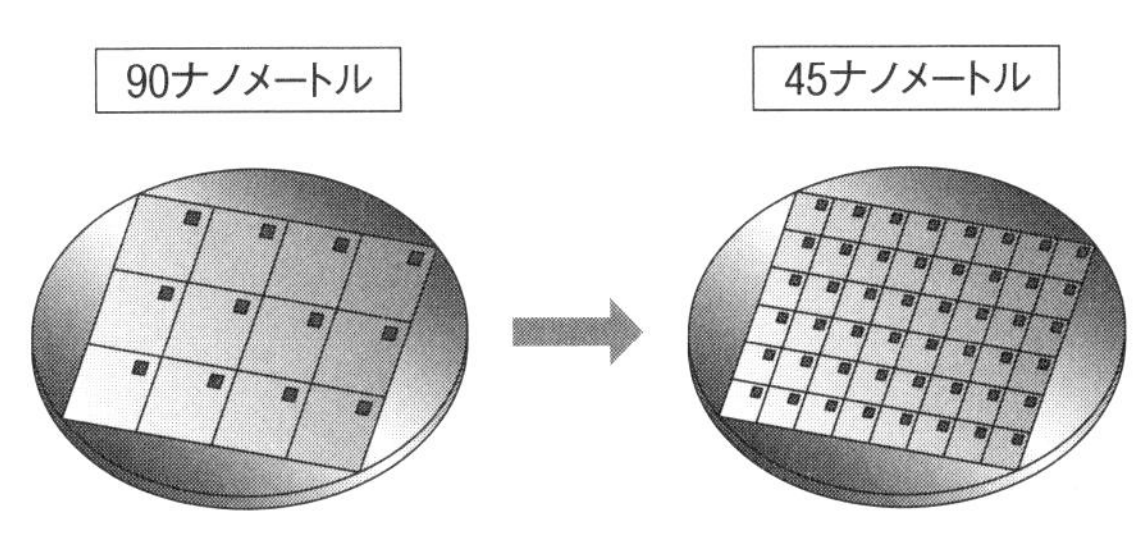

狭い半導体にたくさんの回路を埋め込めるため
1つのチップが小型になる

半導体の微細化

と思われます。

ちなみに90ナノというのは90ナノメートル（nm、人間の髪の毛の太さの10万分の1）の意味で、シリコンウエハー上の配線の幅を示します。この寸法を小さくすることを微細化といい、1枚のウエハーから生産できるチップ個数が増えるため、コストダウンがぐんと進みます。

剛腕の洗礼

「今度の本部長は、久夛良木さんの路線を全否定しているのだろうか」

経営層の心情までわからない半導体メンバーは、中川の第一声に、いきなり地獄へと突き落とされた気分です。

中川の事業方針はクリアではありました。CCDイメージセンサー品質問題の収束、CMOSイメージセンサーへの移行の有効な手段の模索、プレステ3の投資の早期回収および赤字の解消。

そのためには包み隠さず正確な情報を収集しようと、中川は評判の剛腕で突き進んで行きました。

私も洗礼を受けた1人です。部下としてほぼ初対面で、長崎出張に同行したときのことです。

「お前、あれは嘘じゃないだろうな」

飛行機の搭乗口で、いきなりドスを利かされたのです。キャビンアテンダントたちが並んだ、公衆の面前です。

「工場の連中は嘘をつきませんから、これから会議で明らかになりますよ」

こういうとき、私は冷静に答えるようにしています。もちろん内心は穏やかではありませんでした。

久夛良木が引き上げた眞鍋前本部長や、清水照士（現ソニーセミコンダクタソリューションズ社長）の2人は、中川に信用してもらうまでに時間がかかったようです。清水はLSI事業部長と半導体企画管理部長を歴任し、技術と管理の両刀遣いの切れ者です。CellプロセッサなどLSI交渉のキーマンで、久夛良木の右腕として働いていた経緯があり目のかたきにされたのでしょう。

「清水は信用できるのか」

私も何度か聞かれました。清水については後で触れましょう。

不要の烙印

そんな中川は、ハワード・ストリンガーCEOからとんでもない指令を受けていました。半導体事業売却の模索です。

実はハワードは、ソニーの経営アドバイザーでもあった米ゼネラル・エレクトリック（GE）元会長のジャック・ウェルチから、半導体部門の切り離しを強く進言されていたのです。

「私がGEで行った施策の中で有効だったものの1つが半導体事業をやめたことだ。半導体事業は資金を使いすぎるし競争が激しすぎる」

「産業じたいも巨大なのでこの分野でソニーがナンバーワンになることは考えられない。そうならばすぐに撤退するべきだ」

アメリカで最も有名で実績のある経営者の1人であるジャック・ウェルチ。彼の、実際に半導体事業から撤退した経験に基づいた忠告はハワードの心を強く揺り動かしました。投資家から半導体売却を要求されるのとはまったく質の異なる忠告です。

ハワードは欧米流のコストカッターとして評判も高かった人物ですが、エレクトロニクスの会社を経営した経験がありませんでした。周囲にアドバイスを求め、有識者やソニーOBの話もよく聞いていました。ソニー再生を期待されてCEOとなった彼は、欧米流のリストラや事業売却等のショック療法による再生を考えていたに違いありません。

この間、米アップル、米グーグル、韓国サムスン電子といった時流に乗った企業は、利益や企業価値でどんどんと手の届かないところまで成長していました。ハワードは彼らと比較して、ソニーが低迷しているのに焦っていました。業績の足を引っ張っているお荷物事業から逃れたいと思うようになっても不思議ではありません。

半導体いりませんか

トップダウンの命令を受けた中川は、会う人会う人に「ソニーの半導体事業を継承する気はないか」と打診し始めたのです。ソニーの半導体事業はオンセール（売り出し中）であることが、周知の事実となって業界を駆け巡っていました。

ただ、プレステ3の供給責任を負っているソニーの半導体部門を、自ら背追い込みたがる会社が果たしてあるものでしょうか。

中川は、そんなことはお構いなしです。

「ソニーの半導体を買いませんか」

それはもう、われわれも閉口するほどの行動力でした。業界の付き合いで富士通に会えばトップに打診し、海外の会社と会えば半導体事業の売却を話題に持ち出す。２００６年11月にプレステ3が発売されたばかりというこの時期に、です。

このままトントン拍子に売却されては、現場はたまったものではありません。われわれは密かにプランB（代替プラン）の策定を始めました。先ほどの清水照士とのたくらみです。

「どうせ会社が売却を覚悟しているのなら、東芝に頼んで双方の半導体事業を切り出して、ジョイントベンチャー（ＪＶ）をつくったらどうか」

「社員も（自分たちも含め）売られるくらいなら、ＪＶのほうが精神的にもまだ救われるし、ゲームの供給責任を全うできる」

「最先端の工程技術も東芝なら申し分ないだろう」

半導体事業本部は、プレステ用に巨額の投資をしています。この償却費が膨大で、それが業績の足を引っ張っているという見方をする人もいたでしょう。

ただし、キャッシュフローで見れば、逆にお金が潤沢に入ってくるのです。ここがプランBのキモでした。

これ以上の投資を控えて外部のファウンドリー（自社ブランドを持たず、製造工程を受託する工場）に生産委託さえすれば、新しく作るＪＶは資金潤沢で、前途有望になるとのそろばんをはじいたのです。簡単に言えば、新会社はこれからの資金需要を上回るお金が捻出できる自信があったということです。

もちろん懸念もありました。プランＢは、ゲームビジネスで問題になっているＣｅｌｌプロセッサを含めたシステムＬＳＩ事業のみならず、虎の子であるイメージセンサー部門も切り出さないと成立しません。

イメージセンサーは品質問題の渦中にあるものの、それが落ち着けば本来、金のなる木です。担当の鈴木たちはどう反応するのだろうか――。

「どうせ半導体を全部売ると会社は言っているのだから、彼らも納得せざるをえないはずだ」

最後は、半ばやけくそ気味な議論でした。

動き出したプランB

案の定しばらくたっても、プレステ３の主要半導体を低価格で供給する責任を背負ったソニーの半導体事業を「買収したい」と言ってくる会社は現れませんでした。

私たちは中川本部長にプランＢをおそるおそる提案しました。すると驚くことに、渡りに船とばかりに話に乗ってきたのです。

眞鍋・清水ラインは東芝半導体に太いパイプがあります。眞鍋は東芝出身ですし、清水はゲーム用ＬＳＩの交渉役として東芝幹部と親しい間柄にありました。

東芝の室町正志副社長に打診すると、大いに乗り気だということがわかりました。早速、中川と室町さんを含めた会合を開き、前向きに検討することが確認されました。２００６年暮れのことだと記憶しています。

日本の半導体業界はＬＳＩ事業の分野では、どんぐりの背比べ状態が続いていました。米インテルや米エヌビディアのような大手メーカーが誕生することもなく、電機各社は横並びのまま、なんとか抜きん出るチャンスをうかがっていました。

我が世の春を謳歌したＤＲＡＭ事業は韓国や台湾メーカーに席巻され、次の成長の柱にＬＳＩ事業を据えたものの、模索が続いていたのです。

東芝も例外ではありません。ＪＶの交渉でもシビアな条件を突きつけてきました。

「この話にはメモリー事業は含めない。事業価値が違いすぎる。また、精神はもちろん50：50だが、売上高が欲しい。出資比率は東芝51：ソニー49ではどうか」

東芝は得意のＮＡＮＤ型（高速で読み書きでき、電源を切ってもデータを残せる）フラッシュメモリー事業で覇権を握るのみならず、ＬＳＩ分野でソニーを傘下に入れて日本の中で突出したいと考えたのかもしれません。もちろんイメージセンサー事業も魅力だったに違いないでしょう。

一方でソニーのトップは、半導体が連結決算の対象から外れるのは大歓迎。財務諸表が改善されるのですから、肯定的な態度です。

土壇場の売却回避

東芝との交渉は終盤を迎え、あとは最終承認を得るだけとなりました。

「さあ、みんな揃って、ソニーマンから東芝マンになるか」

半導体事業本部皆が腹をくくって、ソニー経営会議にJV案を諮る日を迎えました。ところが、思わぬところから反対の狼煙が上がったのです。

中川と並ぶもう1人の副社長、井原勝美です。民生用製品を担当する井原が1人だけ、猛反対したのでした。

「ソニーはカメラやカムコーダーで業界のリーダーとなっており、高い収益性を誇っている。この競争力の源泉の1つは、社内にCCDイメージセンサーをはじめとするデバイスを持っているからにほかならない」

「半導体部門を他社に渡そうというのは絶対反対。将来、角を矯めて牛を殺すようなものだ」

こうなると井原は、たとえ上司が相手でも遠慮などしません。ハワードや中川の短慮を鋭く責めたのです。調和型のハワードは、両副社長の納得のいく方法はないかと宿題を出し、継続検討となりました。

その後、ＪＶの話は立ち消えになりました。

井原の論理はまったく正しかった。しかしその論理を、出て行けと言われている半導体部門から言い出すわけにはいかなかったのです。

「おい斎藤、お前は頭はいいかもしれないが、時々とんでもないことを提案する」

井原からはこう叱られましたが、私は彼の見識にただただ感謝しました。このとき本当に東芝と合意していれば、ソニー半導体の今の快進撃はないのです。

アセットライトに動く

ギリギリで事業売却を回避し、事態は１８０度変わりました。

早速、われわれは再代替案＝プランＣの策定に入りました。

「こうなったら、徹底した資産縮小や、契約改定による早期回収プランしかない」

自社生産したり、他社に対する製造投資負担（デバイスメーカーの投資資金を肩代わりすることで専用工場化する）したりする考え方を止め、ファウンドリーメーカーに対する完全な生産委託へと方向転換する以外に解はないようでした。

「英語ではその戦略をアセットライト（資産縮小戦略）と呼ぶのだよ」

ニューヨークから来た米ゴールドマン・サックスの半導体アナリストと話をしていると、こんなアドバイスをくれました。しかし具体的な中身までは教えてくれません。まずは東芝やＩＢＭに投資している半導体製造設備の売却や、契約改定を試みるしかなさそうでした。

ＩＢＭとの交渉は難航しました。

「現在の条件を改定し、45ナノ世代からのビジネススキームは一般の購入契約に替えたい。現行の65ナノ世代でも条件を見直してほしい」

前述の清水とニューヨークに乗り込み、先方に持ちかけました。「一般の購入契約に替える」というのは、ファウンドリーへ完全生産委託します、ソニーによる対製造投資負担はもう行いませんという意味です。

契約改定の提案はＩＢＭ側のメリットが薄いため、交渉は一時暗礁に乗り上げました。しかし彼らも、最初に交わした契約には期限があり、契約が切れればソニーからの発注がゼロになることもありえると認識しています。それはＩＢＭとしても困るので、席を立つことはしません。

「ディナーをしながらもう一度話し合わないか」

IBMとの交渉は最終日の夜まで続きました。そのディナーの席で、私は先方にこう斬り込みました。

「私は今夜、松井秀喜のヤンキースの観戦を中止しなければならなかった。この代償は大きいぞ」

大げさに渋って見せたのです。

うそのような話かもしれませんが、このことがきっかけで交渉が進み、最終的にビジネススキーム変更と条件変更の契約改定を勝ち取りました。後でわかったことですが、IBMの半導体製造ビジネスはIBM本社から「お荷物部署」として目をつけられていたようです。彼らにとってソニーとの契約継続は自分たちの首をつなげるのに必要不可欠だったという事情があったのです。

私はアメリカ赴任時代、米ヤンキースの試合はよく見に行きました。松井のホームランも何度か見ましたが、この日のチケット取得はうそでした。交渉は最後の最後が重要であると身に沁みたものです。

一方の東芝とは、大分ティーエスセミコンダクタ（OTSS）というJVを作り、ソニーが投資してRSXを生産していましたが、これを解消して生産設備を東芝に売却しました。それに伴い、ファウンドリーメーカーへの完全生産委託を遂行することを決断しました。

事業存続の思わぬアイデア

こうした一連の交渉を続けていくうちに、東芝との間で思わぬアイデアが浮上してきました。

「JVがダメなら、Cellプロセッサを生産しているソニー長崎工場を東芝に売却し、運営を東芝に任せてはどうか」

売却額は簿価の1000億円とはじきました。

売却案がどちらから出てきたかは、はっきりしません。私のアイデアではないので東芝からだと理解していましたが、ソニーの誰かが思いついて東芝側に吹き込んだのかもしれません。

当時の東芝半導体は足下では絶好調で、数年間で1兆円以上の設備投資を行う中期計画を発表したばかりでした。彼らからするとソニーとのJV話破談は残念だったが、ソニーのCellプロセッサを生産している長崎を譲り受け、Cell、RSXといったプレステ用キーデバイスをすべて担当できるなら工場買収に興味ありというようすでした。

仮に短期的には赤字でも、世界を席巻する可能性の高いプレステのプラットフォームを手にするのは魅力だと理解したとしても不思議ではありません。しかも１０００億円は、投資計画１兆円の10％弱です。日本メーカーの中で一歩抜け出し、半導体の覇権争いに終止符が打てるかもしれないという思いだったのかもしれません。

このアイデアをソニーのトップマネジメントも承諾し、２００７年10月、長崎工場のゲーム用半導体製造ラインの一部譲渡による「長崎セミコンダクターマニュファクチャリング」設立について、両社合意の発表にたどりつけました。最終売却価格は約１０００億円でした。

しかし契約合意のころになると、風向きは変わってきていました。徐々にプレステ３の出荷が想定どおりではないことが双方で認識され始めていましたし、半導体市場の動向も少し雲行きが怪しくなりかけていたのです。

「行くも地獄、退くも地獄の心境だよ」

私の交渉パートナーだった東芝役員が、こう漏らしたのを聞いた覚えがあります。最後は苦渋の決断のように見えました。

井深と盛田の教え

ソニーエンジニアたちの心も穏やかではありません。東芝傘下となる長崎工場の運営会社に出されてしまうのです。

長崎セミコンダクターマニュファクチャリングの新社長には、清水照士が就任することになりました。東芝出資の東芝式経営なのに、従業員の大半がソニー出身者という難しい運営会社です。そこに清水は志願して飛び込んだのです。

ソニーの人間は就職したのではなく、ソニーに就社したのだという意識が強いと思います。われわれソニーマンは井深大と盛田昭夫の考えに賛同し、設立趣意書を愛し、また毎月行われた部課長会同なる会合で彼らと直に接し、講話を聴くということを最大の励みとしていました。

原稿なしで自らの考えを述べる井深と盛田の講話はいつも圧巻でした。少し脱線しますが、私が覚えている講話にはこんなものがありました。

（盛田昭夫）

私は最近スキーをするようになりました。もうこの年なので、周りを上手な人で固めてもらい滑っていますが、どちらかというとこぶがある急斜面を滑るのが好きです。急斜面を滑っているときに自分でも転んでしまうのではないかと恐怖心にかられることもあるのですが、そういうとき、私は心の中で『勇気、勇気』と叫ぶのであります。この『勇気、勇気』と自分を鼓舞することによって、うまく滑っていけているような気がするのです。

あなたがたも色んな困難にぶつかっているでしょう。そういうときにはこの年寄りでも『勇気、勇気』と言ってゲレンデを滑っているということを思い出してほしいと思います。この製品開発にはこのような難しさがあり、チャレンジするのをためらう、こういうことが今のソニーにははびこっているのではないか。私はこういうことに大変危惧をしているということを付け加えて今日の話を終えます。

（井深大）

本日はこの会のテーマがパラダイムシフトだと聞いたので、体調が悪いのを押して参加させていただきました。

しかしながら、さっきから聞いているとあなたがたの言っているパラダイムシフトというのはアナログがデジタルに変わるとか、通信がどうだとか、当たり前のことばかりでそんなのちっともパラダイムシフトなんかじゃない。

私が聞きたいパラダイムシフトってーのは、今の科学がニュートンやコペルニクスたちが作ったものだけれども、このパラダイムに騙されている以上、今のソニーってものは進歩しないんじゃないか。誰かもっと違うパラダイムでものを考えてくれる人が出てこないかということで楽しみにして今日の会同に参加したんです。

あなたたちは考え違いをしていると思うので、もう1回考え直してほしい。私でもいろいろチャレンジしているのにデジタル化の時代にどうするかなんて情けない話ばかり大げさに話をしているようじゃあ先が思いやられるということです。

（少し間を空けてから再登壇して）

先ほどは言いっぱなしにしたので、じゃあ私はなにを考えているのかを紹介します。現在、モノを中心とした科学が万能になっているわけですね。

今日の経済もソニーの繁栄もその騙されたパラダイムの上に立ってできあがったものだと思うんですけど、われわれは現代の科学というもののパラダイムをぶち壊さなきゃほんとじゃない。物質だけというものについての科学というものでは、もう次の世界では成り立たない、というところまで今きている。それはどういうことかと言いますと、デカルトが「モノと心というのは二元的で両方独立するんだ」という表現をしている。モノと心と、あるいは人間と心というのは表裏一体である、というのが自然の姿だと思うんですよね。単刀直入に人間の心を満足させる、そういうことで初めて科学の科学たる所以があるので、そういうことを考えていかないと21世紀には通用しなくなる、ということをひとつ覚えていただきたいと思います。

これは井深がソニー役員から退かれ、ソニーファウンダーとして会同に急遽参加されたときの最後の激励でした。

実際の言葉使いは多少違ったかもしれませんが、盛田や井深のこういう原稿なしの話を聴けるのはソニー社員の特権でしたし、私も大いに薫陶を受けました。

身を捨ててこそ浮かぶ瀬もあれ

そんなソニーマンの1人である清水が長崎セミコンダクターマニュファクチャリングに志願したのは、ほかの従業員に対する責任感あってのことだろうと思います。

経営者はゴールを守るサッカーのキーパーのようなものだと言われます。失敗を犯せば即失点、しかも後ろには何万の従業員と家族がいる。半導体事業本部の工場を入れた総人員は1万数千人に上り、その家族を加えると数万人と思われます。皆の生活や人生がかかっているのです。

この数年後、縁あってソニーはイメージセンサー工場として長崎セミコンダクターマニュファクチャリングと従業員を買い戻すという離れ業を行うことになります。帰ってきた清水を称え、彼を次の役員候補へ真っ先に推薦したのは他でもない中川裕でした。最初、清水をあんなに信用していなかった中川が、清水の経営者としての資質を認めてソニーの役員に推薦したのです。これは意外なことでした。

清水はその後、ソニー本社の執行役員ビジネスエグゼクティブ・半導体事業担当としてソニーの半導体事業体であるソニーセミコンダクタソリューションズの社長に就任します。長崎から帰ってきたほかのメンバーも、現在のソニー半導体の基幹人材へとなっていくのです。

私はこの出来事を思い出すたびに、空也上人の名言を思い出します。

「山川の末に流るる橡殻(とちがら)も身を捨ててこそ浮かぶ瀬もあれ」

ビジネスの世界でも、本命候補と言われる人間や、出世欲丸出しの人間が実際に出世するケースは少ないと感じます。本当に役員の信頼を勝ち取るのは、自己犠牲も厭わない人材が多いのではないでしょうか。

企業のトップになる人は滅私の精神を持ち、私利私欲ではなく本当に企業のために動き、あるいは従業員の心に寄り添い正しい判断をする人だと思いたい。自分と敵対する同僚やライバルである人材とも、公平に働いて協力できる人材が必要です。

一般的な企業内力学で考えると、中川派閥ではない清水が、半導体事業体の総責任者である社長にまで上り詰めるようなケースは少ないと思います。人事抗争に明け暮れ、会社を私物化するトップが出てきて、会社が姿を消していくニュースを目にするたびに、私は人材の発掘、指名というのはつくづく重要だと思います。

もう少し言うと、指名委員会による社長指名についても個人的には疑問です。親しく接したことも議論を戦わせたこともない社外取締役たちがトップを決めるのは、難しいことのように思えてなりません。しかし権力に居座るCEOを解任できるのは、社外役員しかいないのも事実ですが。

CMOSへの急展開

話を戻しましょう。

苦労して東芝との新会社設立にもこぎ着け、ソニーはついにエレクトロニクス事業でプレステ3関連の累積投資を回収したと公表するに至ります。

残る課題は、CMOSイメージセンサーにおいてもCCDイメージセンサーと同じくナンバーワンの地位をいかに確保するかということです。

ソニーが最初にＣＭＯＳイメージセンサーを搭載した商品は２０００年発売のＡＩＢＯ、本格的な市場導入はもう少し後の２００３年で、携帯電話向けだったことはすでに述べました。

２００６年当時は、ソニーの得意な高画質・多画素の先端分野に絞って開発を進めており、高解像度化と高感度化の両立を実現する「クリアビッドＣＭＯＳイメージセンサー」の商品化を発表したりしていました。

ただ、言ってみればヨチヨチ歩きの状態。一部市場でのみ存在感を示すにとどまっていました。これではＣＣＤがＣＭＯＳイメージセンサーに取って代わられると大変なことになってしまいます。

そんなソニーのＣＭＯＳイメージセンサーの開発を強力に加速する原因を作ったのは、意外にも、これまで進めてきたアセットライト戦略でした。

長崎セミコンダクターマニュファクチャリングを設立した際、ソニーは今後の先端プロセスの自社生産はなくなると理解し、ＩＢＭと東芝、ソニーの3社連合で進めていた32ナノ以降の先端プロセス開発契約も２００７年12月をもって中止しました。

ちなみにここで言う先端プロセスとは、先端ラインで生産するＬＳＩの生産工程のことです。ＣＭＯＳイメージセンサーはそこまでの最先端のプロセスは必要としません。

ソニーは３社連合に加わることで、先端プロセス開発で世界をリードしていたＩＢＭの技術力を学ぶことができていました。これはソニーにとってメリットがあるだけでなく、先端プロセスを使って生産するだけの量が確保できるゲーム機メーカーと組みたいというＩＢＭや東芝側の希望にも沿ったものでした。それを中止したのです。

中川半導体事業本部長はプロセス開発を担当するセミコンダクタテクノロジー開発部門長の岡本裕に指令を出します。

「この際、先端プロセス開発からすべて『撤退』し、ＣＭＯＳイメージセンサーにパワーをシフトすることで、一気に世界一を目指せ」

たしかに3社連合の先端プロセスは開発中止したのだし、先端のＬＳＩ生産はファウンドリーに委ねることを決めたわけですから新たな開発の仕事は残っていません。

ただ現実には、長崎工場では２００７年から65ナノという次世代の微細化技術でＣｅｌｌプロセッサやＲＳＸの生産が始まっており、その歩留まり向上などの仕事まで一切合切工場にお任せ、２００８年7月からのＪＶオペレーション開始からはソニーはもう面倒見ませんというわけにはいかないと考えるのが普通です。

しかし岡本は、「新規のプロセス開発の仕事はもうないのだから、プロセス開発エンジニアたちはＣＭＯＳイメージセンサーに関連する仕事にシフトしろ」という中川の命令を拡大解釈し、本部所属のエンジニアたちに長崎工場からの撤収を指示したのです。

くじけた者たちの結集

中川の指示を受けた岡本は宗旨替えをしたように、彼の開発部隊をイメージセンサーの仕事一本に集中させました。長崎で先端のプレステ用ＬＳＩの量産化や歩留まり改善に駆り出されていた優秀なエンジニアたちも厚木の事業所に戻され、ＣＭＯＳイメージセンサーの開発加速に取り組むことを要求しました。

この時期にこれだけの精鋭部隊をＣＭＯＳイメージセンサーの開発に投入できた会社は、どこにもなかったと思います。けがの功名とでも言うべきでしょうか。

ただし、たとえ上司命令とはいえ、現場の長崎では敵前逃亡に見えたようで不評だったようです。

「『2ちゃんねる』に、岡本さんの悪口がたくさん書かれていますよ」

人事担当者から岡本に、こんな情報が告げられたほどです。それでも岡本は、

「ソニーではもうＣＭＯＳ ＬｏｇｉｃのＬＳＩ領域での世界的な活躍の場を部下たちには与えられない」

と、自分たちの置かれている状況を正しく判断したのです。

ちなみに、ＣＭＯＳ Ｌｏｇｉｃはイメージセンサーと名称が似ていますが別物です。ＣＭＯＳそれじたいは、Ｐ型トランジスタ（ＰＭＯＳ）とＮ型トランジスタ（ＮＭＯＳ）両方の（Complementary＝相補性）回路構成を持ったトランジスタの種類を指します。ＣＭＯＳ回路構成を用いた論理ＩＣがＣＭＯＳ Ｌｏｇｉｃですが、ＬＳＩやメモリなどさまざまな分野に使われており、フォトダイオードをくっ付けたものがＣＭＯＳイメージセンサーです。

今回中止した3社連合は、ソニーにとって技術的なメリットだけの話ではありませんでした。アライアンスに参画していたソニーエンジニアは、世界最先端のプロセス開発という高いモチベーションも享受できていたのです。

それが生産委託の方針となり、先端プロセス開発に携わるチャンスはソニーではもうなくなった。彼らのやる気を「ＣＭＯＳイメージセンサーで世界一になる」という目標へ鞍替えさせることに、岡本は一生懸命でした。

「中途半端な取り組みをしていては、部下が信用しなくなる。緩みなく一気呵成に、徹底的にイメージセンサー開発に舵を切らないとダメだった」

岡本は、のちにこう述懐していました。

少々強引とも言えるＣＭＯＳイメージセンサーへのシフトでしたが、これでソニーのＣＭＯＳイメージセンサー開発は一気に加速します。一度くじけた技術者たちのエネルギーが、ソニーを最後発から現在のシェアトップまで押し上げた要因の１つだったと言っていいかもしれません。世界最先端のＣＭＯＳエンジニアである門村新吾が率いる部隊も、イメージセンサー開発に合流しました。彼らの貢献についてはあとで述べることとします。

選択と集中の難しさ

経営戦略について書かれた本の多くに、「選択と集中が一番大事」と出てきます。しかしいざ実行に移すとなると難しいものです。

ソニーの半導体がＣＭＯＳイメージセンサーに集中すると決めた少し後、ソニーの民生機器部門では真逆の事態が起きていたのです。

当時、アップルやグーグルを筆頭とする巨大ＩＴ企業は目を見張るような快進撃を続けていました。彼らに対抗するために、ハワード・ストリンガーＣＥＯはソニー製の家庭用民生機器をネットワークでつなぐ戦略を打ち立てます。

ネットワーク戦略じたいは悪くないと思いますが、肝心なのは作戦を遂行する兵力をよく考えることです。アップルやグーグルと対等に渡り合えるだけのソフトエンジニアが、ソニー社内に何人いるのかをよく考えて作戦を考えないといけないのです。

ネットワーク戦略の舞台となった1つがテレビ事業でした。当時のソフトエンジニアはテレビの組み込みマイコンをプログラムする人材が主流で、ようやく大規模なソフト開発にチャレンジするようになったばかり……そんな状態でした。

そこに、ハワードの打ち立てた方針に応えようと、新しくテレビ事業を担当する本部長が任命されて乗り込んできました。この本部長は得意の交渉力を駆使し、「グーグルテレビ」の共同開発を米グーグルと結んできたのです。テレビ開発を有利に進めるために、欧州のグーグルテレビのプラットフォームの基本ソフトをグーグルに代わってソニーが開発するという条件をのんできたのです。

グーグルテレビとはグーグルが米インテル、ソニー、ロジクールと共同開発したスマートテレビのプラットフォームで、現在では開発サポートは終了し「アンドロイドTV」に移行されています。

テレビビジネスに関して素人のトップと、上司の受けを気にする部下の組み合わせは、ときにとんでもない事態を引き起こします。

「欧米では最優先でグーグルテレビの情報が入手できるようになる。欧州ではソニーが開発を任されるので、この領域で圧倒的優位にネットワーク戦略が構築できます」

おそらくハワードには、こんな内容の報告がなされたのでしょう。しかし現場は大混乱を来しました。ただでさえソフトエンジニアの人材が薄いソニーテレビ事業部は、グーグルに対するボランティア開発のために——この開発は本来グーグルが彼らの事業として行う開発で、テレビメーカーはライセンスを受ける立場です——翌年のテレビのラインナップを半年遅らす羽目になってしまいました。

成功するかどうかわからないグーグルテレビの開発に慣れないテレビソフトエンジニアは、たちまち疲弊してしまいました。

しかも、ソニーは世界中の販売店からそっぽを向かれてしまいます。競争の激しい民生用テレビの世界で、半年間も新製品が出てこないのですから仕方のない話です。しかもソニーはこの周回遅れ状態を、しばらく引きずってしまいました。

ついに2012年3月期、ソニーのテレビ事業は1480億円という単年度赤字を計上し、テレビ事業始まって以来の不振の種を作ってしまいました。

少ない兵力を多方面に分散させて失敗した例です。

社内では鳴り物入りだったグーグルテレビは結局、アメリカで少し発売されただけで、欧州ではどこのメーカーからも発売されませんでした。アライアンスを組んだロジクールも、グーグルテレビ機能を搭載する端末を発売し、1億ドル以上の赤字を出したのち撤退しました。グーグルテレビは市場からあまり認知されることもなく消えていき、ソニーの努力も徒労に終わりました。

ことの異常さに気付いたのが、２０１１年8月からテレビ事業の本部長を引き継いだ今村昌志です。就任後2週間で、グーグルテレビの開発中止をグーグル側に伝えたと本人から聞いたことがあります。どこに資源を集中するかは事業運営にとっては大変重要なことなのです。今村は「４Ｋ ＢＲＡＶＩＡ」という4Kテレビで市場を席巻し、２０１４年にはテレビ事業を分社化するなど改革を断行。10年ぶりに黒字化へと導きました。

普賢会議

選択と集中を含むアセットライトの大改革は、ときに社内の混乱を生み出します。だからこそ幹部間でできる限り意思疎通を図ることが重要です。

半導体事業本部でも、この意思疎通を工場幹部含め図っておく時期が来たと考えました。秘密裏に長崎工場の売却交渉が進行していた２００７年3月ごろのことです。

私は、半導体生産子会社であるソニーセミコンダクタ九州（ＳＣＫ）の幹部と厚木の幹部とを集めて、長崎・雲仙普賢岳のふもとにある雲仙温泉の旅館でアセットライト戦略の討議を行いました。

温泉での豪勢なオフサイトミーティングだと思われるかもしれませんが、当時は普賢岳噴火の風評被害がまだ残っており、諫早市内より宿泊代が安かったのです。部下たちにまだ漏れてはいけない内容を話すことへの配慮もあったかと思います。

実際に膝詰めで話していくと、いろいろな本音が見えてきました。工場の人たちは、先端のＬＳＩを高い歩留まりで生産していることにプライドを持っていました。

「これから先端プロセス生産の必要なＬＳＩはすべて他社生産委託になる。長崎事業所内の先端プロセスラインも、東芝に売却する可能性がある。会社の置かれている状況を理解し協力してほしい」

私がこう呼びかけると、彼らの顔には明らかに落胆の色が見えました。戦略の正しさを頭の中では理解していても、仲間の一部は東芝傘下のＪＶに出向しなければなりません。

会議の後の懇親会では、ＪＶに出向する幹部の１人である山口宜洋からこう絡まれました。

「私はそもそもフェアチャイルドが長崎工場を運営していたときの社員なので、ソニーに何のこだわりもありません。むしろ東芝の技術がふんだんに使えてうれしいくらいです。私たちはこれで将来が見えてきましたが、ソニーの半導体には将来はあるんですか」

長崎工場は、米フェアチャイルドセミコンダクターの工場を１９８７年にソニーが譲り受けたものです。

山口の言葉は彼一流の、自分への踏ん切りと、われわれに対する励ましだったと妙に記憶に残っています。最後は鈴木智行副本部長が音頭を取り、みんなで輪になってカラオケで『サライ』を歌って解散したのが精いっぱいのファイティングポーズでした。

一転、買収交渉⁉

選択と集中の話をしてきましたが、集中すると決めたCMOSイメージセンサーも根本的なことが解決していませんでした。ソニーのCMOSイメージセンサー開発は最後発であるため、主要な特許の多くを他社に握られているという例の問題です。

ここでも中川裕は剛腕ぶりを発揮し、思いもよらないことを言い出しました。

「主要なCMOSイメージセンサーカンパニーは、まだ小さいベンチャーみたいな会社が多い。最後発で特許がないのならソニーには買収する余力がある」

私が、思わず突っ込みたくなったのは言うまでもありません。

「ソニー半導体を売ると言って回ったのはどなたですか」

かろうじて言葉をのみ込み、頭の中で反芻するにとどめました。

それにしても中川の変わり身は早い。自分たちではどうしようもない、特許権による製造停止や法外なライセンス料請求によってビジネスの自由を奪われるのを避けたいというわけです。

いろんな可能性を検討していくと、主要特許を握っている米アプティナという会社に行き着きました。アプティナは、メモリー大手の米マイクロン・テクノロジーがスピンアウトさせた会社で、大株主は米マイクロンでした。将来は他社へ売却するべきか、上場させて株の資産価値を上げるか迷っていました。

アプティナは、過去にマイクロンが買収したCMOSイメージセンサーのフォトビットというベンチャー企業と統合されており、フォトビットが開発した草分け的な基本特許を有していました。大会社のマイクロンの買収ではなく、子会社のアプティナを特許目当てで買収するなら、たしかにソニーでも体力的になんとかなるかもしれません。

ただし半導体の事業売却まで考え、現在も主力事業に据えていないハワード・ストリンガー体制では、買収に大金を出すことは考えづらい。そこでわれわれは交渉の仕方を考えました。

「ソニーはセットメーカーとしては世界最大だ。アプティナとソニーの戦略提携で市場価値を高め、株式上場してはどうか」

こう提案したうえで、

「ついては友好条約の締結が必要になる。そのためには多少の特許料を払っても構わない」

マイクロン会長のスティーブ・アップルトンを相手に、こうしたスタンスで交渉に挑んだのです。

あっけない幕切れ

ここでいう友好条約の真意は、特許のノンアタック（特許侵害権で攻撃しない）やクロスライセンス（特許の行使を互いに許諾する）の取り付けです。

マイクロン側も、アプティナの企業価値の顕在化には頭を悩ませていたようで、ソニーとの戦略提携や、協業による上場価値の向上に興味を持ってくれました。早速、密接な交渉が始まりました。

ところがアップルトン会長は大の飛行機好き。自分で操縦するのですが、しばらく交渉が途絶えると思ったら、腕にギプスをはめて現れたのです。

「飛行中に墜落事故を起こしてしまった」

そう聞いて驚きましたが、さらに困ったことに一度あることは二度三度とある。ついに2012年には飛行機事故で死亡してしまい、そのまま交渉も頓挫してしまいました。

買収の話はお流れとなりましたが、ソニーの中ではその後、自社で保有している「裏面(りめん)照射型CMOSイメージセンサー」の特許だけでじゅうぶん戦えるのではという考えが出てくるようになります。

マイクロンも後任としてマーク・ダーカンCEOが就任後、結局は売却化の方針に舵を切り、アプティナをオン・セミコンダクタ社に売却してしまいました。

第3章
CCD開発物語

ここで時間軸をソニーの創業時近くまで戻します。

イメージセンサー事業参入を決意し、かつ成功にまで導いた故・岩間和夫元社長について触れておきたいと思います。岩間の物語に、ソニーのCMOSイメージセンサー発展に関与したエンジニア達の源流を見ることができるからです。

岩間は、井深大と盛田昭夫、大賀典雄といった歴代のソニー経営者と比べると、世間的な印象は薄いと言えます。これは社長に就任した1976年の6年後、1982年に癌のためこの世を去ってしまわれたことが大きく起因しています。

実際には「井深が見つけ、岩間が作り、盛田が売った」という評価が正しいように思います。

特に岩間は、この本の舞台となっている半導体を長年リードし、世界を驚かす数々の商品のカギとなるデバイスを作っていった人です。その代表がトランジスタラジオのトランジスタであり、マイクロテレビと称されたポータブルテレビを支えたパワートランジスタであり、そして8㎜カムコーダーに搭載されたCCDイメージセンサーです。

井深が見つけというのはよく言ったもので、井深は最初に「ラジオをやりたい。テープレコーダーだ、トランジスタテレビだ、ビデオ一体型カメラだ」と目標を与える。ビデオ一体型カメラが欲しいと言い出したのは1964年で、開発者の木原信敏の結婚式のときだというから驚きです。

木原はテープレコーダーやビデオといったソニーの主要製品の開発に活躍された開発者ですが、この木原率いる第二開発部出身の森尾稔が8㎜カムコーダーを世に出したのが1985年。井深の発言から21年もたっています。

夢の実現には、岩間のような作る人による技術の見極めと成熟が必要で、カムコーダーにはCCDという、岩間が執念で作り上げた半導体撮像素子の出現を待たなければならなかったのです。

ＩＣ作るべからず

岩間は、トランジスタラジオを実現するために、トランジスタを開発した米ベル研究所の親会社ウェスタン・エレクトリック（ＷＥ）に単身乗り込みます。

先方は好意で工場は見せてくれるものの、その場でノートを取ることは禁止。製造工程や装置を見学して暗記したうえで、日本で待つ部下たちにレポートを送り続けました。ソニーが支払った多額のライセンス料の代わりに彼らから渡されたのが『トランジスタ・テクノロジー』という本3冊だけで、それ以上の技術移転は一切無しだった、という状態でのトランジスタ事業化だったのです。

東京大学で地球物理学を専攻した岩間は理論派の科学者である特質を生かし、技術のトレンドを鋭く見抜き、ソニーの半導体を導いていきます。WEからは「民生用としてのトランジスタの利用は無理」と忠告されたにもかかわらず、トランジスタを歩留まりよく生産する方法を開発、その後もさまざまなトランジスタ発展に寄与していったのです。

井深は未来の商品に目をつけるものの、半導体の技術の進歩や将来についてまで見通す力はない。半導体事業の今後の開発方針について見解の相違が生まれ、ついには2人の対立を生んでしまったといいます。

半導体業界では米フェアチャイルドが登場し、シリコンウエハーの時代が到来。プレーナ技術（全体を酸化膜で覆いフォトリソグラフィーで決められた部分を除去し、そこに不純物を拡散させ回路を形成していく技術）が革命を起こしつつありましたが、井深はこれを禁止してしまいました。

このプレーナ技術使用禁止令はその後のソニー半導体の発展に暗い影を落とすことになります。

当時はフェアチャイルドがプレーナトランジスタを製品化し、高い特許料を要求したため、井深が反発したのが始まりだったそうですが、このプレーナ技術はその後ＩＣ（集積回路）やＬＳＩにと発展していったので重要な基礎技術になりました。

プレーナ技術をベースにしてＭＯＳ技術やＣＭＯＳ技術へと進化し現在の半導体繁栄が築かれていったのです。ＭＯＳとは Metal-Oxide Semiconductor の略で、その字のとおり金属・半導体酸化物・半導体の３層構造となっている半導体素子のことをいいます。

現在のＬＳＩやメモリーはシリコンウエハーに薄い酸化膜や金属層を形成し回路パターンを写真のように露光して作っていきますが、このように発展していったベースがこのプレーナ技術です。プレーナ技術に真っ先に注目していた岩間は閉口し、盛田と相談のうえでフェアチャイルドとライセンス許諾の交渉を行ったのですが、日本電気（ＮＥＣ）の長船広衛に先を越されてしまいます。

その後、日本の半導体の主流はＮＥＣなど他社に移っていくわけですが、それでも岩間はこの技術の重要性を信じていました。井深がセットとして夢を見ているポータブルテレビ用のパワートランジスタやシリコントランジスタなどで、細々とプレーナ技術を磨いていったのです。

ソニーの謎

なぜ井深がここまでＩＣや将来のＬＳＩを嫌ったのか、現在でもソニーの中では疑問とされています。半導体を担当しているエンジニアからすれば、プレーナ技術使用禁止令

（のちにソニーではプレーナ・IC・MOS開発規制と呼ばれる）は半導体撤退宣言のように聞こえます。われわれが半導体部門にいた時代でいうなら、工場エンジニアたちにとっての先端プロセス開発中止令にあたるかもしれません。

「井深さんも半導体の技術の進歩にはついていけなかった」

こう批判する人もいますし、実際にそうなのかもしれません。しかし私は、井深の経営哲学が大いに関係しているように思います。

ソニーの前身である東京通信工業の設立趣意書には、こう書かれてあります。

「経営規模としては寧ろ小なるを望み、大経営企業の大経営なるが為に進み得ざる分野に技術の進路と経営活動を期する」

当時はまだ中小企業の規模をやっと超えたかという規模で、大企業と同じ土俵で同じことや後追いはやらないという考えがあったのではないかと推察します。事実、日本の他電機メーカーと比べても、資本力や会社の規模ではかなり見劣りしていました。

しかもトリニトロンカラーテレビ発売前には、クロマトロン方式のカラーテレビ参入で品質安定に苦戦して不良品の山を作っています。会社が傾きかけるという事態に直面していたのです。全体を見ている社長と半導体の将来を見る者とでは、視点が異なることもあったでしょう。後世の半導体事業の技術者たちが「古い」と批判するのはフェアーではないかもしれません。

岩間の苦悩

ソニーはコンピュータ事業への参入も禁止されました。井深は「計算機は別」だと説得されて電子卓上計算機事業に参入しましたが、トランジスタとダイオード（整流作用を持つ素子）を集積したこの計算機は品質トラブル続き。その後、各社がＬＳＩでコストダウンを図ったことで、ＩＣおよびＬＳＩ開発で遅れていたソニーは撤退しています。

プレーナ・ＩＣ・ＭＯＳ開発規制は、半導体を担当している者たちにとっては、前述のとおり甚だ理不尽な規制です。技術の進化に乗り遅れることを強制されているようなもので、実際にトランジスタ開発では先頭を走っていたソニーは次第に他社に大きく後れを取るようになります。

トランジスタ事業は儲け頭だった時期もあるのです。ノーベル賞を受賞した江崎玲於奈さんのトンネルダイオードはソニーの研究所で発見されたという自負もあります。

岩間はソニーのラジオのためにと、禁止されているはずのＩＣを開発してしまいます。

ＩＣラジオが発売される矢先の１９６６年６月、岩間は常務から専務へ昇格したものの、半導体担当から外れて井深に代わります。

「俺はクビになったんだ」

岩間は周囲にこう話していたそうです。

2人の方針の違いは、こうして強制的に修正されました。その後、半導体責任者となった井深から「ICはやるな」との指示が出たことで、ICラジオのICも禁止されました。フェアチャイルドのプレーナ特許に触れない独自の方法を模索することになったのですが、先を見通せる指導者を失い、さすがにそううまくいくはずもなかった。ソニーの半導体事業は混乱し、低迷していきました。

岩間はその後、アメリカ販売会社の社長を務めます。1973年に日本へ帰国して副社長に就任しましたが、それまでの間も自分が育て、そして混迷している半導体の将来を考え続けました。

CCDとの出会い

井深の納得のいく方向性を見つけ出さないと、技術者たちの将来もない。そんな心境で1969年暮れにベル研究所を訪れたとき、偶然にもCCDを開発したばかりの研究者ボイルとスミスに会うことができ、話を聞いて感銘を受けました。

同じく日本でも、ソニーの開発者であった越智成之が『ベル　システムテクニカルジャーナル』に掲載されたＣＣＤの論文に感動し、この技術を〝電子の目〟であるイメージセンサー用に特化して開発できないかと数人で検討を始めました。１９７０年の話です。岩間はＣＣＤのイメージセンサーとしての研究なら井深にも許され、しかも禁止されているＭＯＳ技術に類似していることから、ＭＯＳ技術の遅れを取り戻せると判断しました。

というのもＣＣＤは、井深の夢の１つであるビデオ一体型カメラに必要なデバイスですから、井深との衝突も回避できると考えたのです。ＣＣＤイメージセンサーの開発は唯一の起死回生プロジェクトだとして、岩間は開発の推進を強く心に決めたのです。

岩間は１９７３年、副社長就任とともに中央研究所所長を兼務して「ＣＣＤ開発プロジェクト」を発足させます。中央研究所の５大テーマの１つとして位置付けたのです。もちろん越智のグループも呼ばれました。

ＣＣＤの船出

当時、中央研究所のクリーンルームや開発設備はみすぼらしいものでした。出てくる試作品は欠陥だらけ、シリコン結晶中の不純物と結晶欠陥から出る微細欠陥の制御が重要だったのですが、そうした知識も欠けていました。

結果として白点、黒点などの画像欠陥が多く、民生用カメラという目標は遠いように思えました。改善するには、社内では最新鋭のプロセスを所有している厚木事業本部の協力が不可欠だったのですが、事業本部と中央研究所は仲が悪くいがみ合っていました。

岩間は両者を呼んで話し合いを行い、両者を統合した開発部を事業本部の中に作ったり、中央研究所に事業本部のキーマンを異動させたりと融合に努めたことで、厚木の大型設備を開発に使用できるようにしました。

しかし、そもそもＭＯＳの技術に遅れているソニー。時間ばかり過ぎてお金を垂れ流しているだけの状態でした。ＭＯＳ技術を持っている他社との共同開発も模索しましたが、ＣＣＤかＭＯＳ型かで技術論争になり、開発を検討する前に早々と破談になりました。

「敵は電機業界ではなく、イーストマン・コダックのようなフィルム会社だ」

岩間が各社に訴えても、技術論争だけは宗教論争のように双方受け入れがたいことが多々あるようです。１９７６年、社長に就任していた岩間に対し、ついに井深と盛田までもが不安の声を上げ始めます。

「ＣＣＤの開発費がかさみすぎていないか」

「設備投資にお金がかかるのです。ＣＣＤの投資回収は、今世紀中は無理です」

岩間は説明したものの、社長としての責任感が心をよぎります。これで会社を傾けてはいけない。井深のＬＳＩ、コンピュータ嫌いも、今でいうレッドオーシャン（血で血を洗う競争の激しい領域）を想定してのことかと悩みを募らせます。

金食い虫と言われても

「金食い虫」。この時期、デジタルオーディオとＣＣＤイメージセンサーがこう呼ばれていました。周囲からの批判を乗り越えてこそ、金のなる木が誕生するものですが、四面楚歌の状態は社長の立場としては苦しい。

「もうやめてもいいよ」

部下の菊池誠に対し、岩間はこう心境を漏らしたことがあるそうです。１９７７年のことです。翌年、いよいよ明るい兆しが見えてきました。今まで見たこともない画質のＣＣＤイメージセンサーができてきたのです。早速、岩間は新聞発表を指示しました。本格開発を始めてから5年、累積開発費２００億円が投じられていました。

ＣＣＤイメージセンサーの製品化は１９８０年の全日空機13機への納入が最初ですが、この規模ではまったく商売にならず、投資回収のめどが立ったとは言えませんでした。本格的に採用されるのは１９８５年の８㎜カムコーダー「ＣＣＤ－Ｖ８」の登場を待たなければならなかったのです。

しかしこのころ、岩間はすでに帰らぬ人となっていました。１９８２年8月24日、社長在職のまま癌で亡くなられました。皆は大賀典雄社長（当時）とともにＣＣＤイメージセンサーの成功を報告するため、夫人の了解のもと、岩間の墓石に完成したＣＣＤイメージセンサーを貼り付け、その後の発展を心に誓いました。

社内から総スカンをくらい、金食い虫と批判されても、自分たちの技術を見極める力を信じ、会社の未来のために成功のシナリオを考え抜く。この岩間の精神は、デバイス部門のグループによく根付いているように思います。

半導体事業部門の社員たちは、岩間を慕い続けました。ＣＣＤイメージセンサーが１０００万本出荷されたとき、鈴木智行以下イメージセンサー事業部の主要メンバーは、再度お墓参りを行いました。墓石に最新のＣＣＤイメージセンサーを貼り付けて報告したのですが、この姿がＮＨＫの番組『プロジェクトＸ』の中で放映されたのを記憶しています。

第4章

誰も信じなかった技術

時計の針をCMOSイメージセンサー開発時代に戻しましょう。私が半導体事業本部に来る数年前の話です。

現在のソニーのCMOSイメージセンサーは、「裏面照射型」に最大の特徴があります。開発したのは平山照峰(てるお)です。平山は1981年にソニー入社以来20年間、CMOS LSIとメモリーの研究開発を担当した後、2002年7月に半導体事業本部テクノロジー開発本部プロセスプラットフォーム部門でCMOSイメージセンサーを開発する部に異動になりました。

部門長は岡本裕、部長は上田康弘。CCDイメージセンサーと同じようにCMOSイメージセンサーでもナンバーワンを目指す「CMOSイメージセンサー No.1プロジェクト」を立ち上げるにあたり、CMOS LSIの技術者を参加させたいという話でした。

裏面照射型やろうぜ

平山はCMOS LSIやメモリーの専門家であり、イメージセンサーを開発したことがありませんでした。このためゼロから勉強したそうです。ソニーがCMOSイメージセンサーを初めて商品化したのは2000年のAIBO、本格的な販売は2003年の携帯電話向けですから、平山は初期からの参加です。

「やるからにはＣＣＤの画質を凌駕する、他社をぶっちぎるＣＭＯＳイメージセンサーを開発したい」

平山は意気込んでいました。

ここでやや技術的になりますが、イメージセンサーの構造をもう少し理解していただかなくてはなりません。

イメージセンサーはシリコンウエハーの上にフォトダイオードがあり、さらにその上に配線層が形成されています。

ＣＣＤは、ＣＭＯＳイメージセンサーと比べると構造が簡単ですので、上から入ってきた光をフォトダイオードに届けるのに邪魔になる配線層は少なくて済みます。

一方のＣＭＯＳイメージセンサーは信号を電圧として取り出す関係上、配線層が複雑で多層となります。この多層となった配線層がフォトダイオードに届くべき光をさえぎったり、チップ上のレンズからフォトダイオードまでの距離を長くし利用できない光が出たりしてしまう、したがって暗くなってしまうという欠点があります（25ページ図参照）。

そこで、光の感度を上げるために、フォトダイオードの上にある配線層の側ではなく、フォトダイオードの下、つまり裏側から光を入れたらどうかというのが裏面照射型ＣＭＯＳイメージセンサーの発想です。

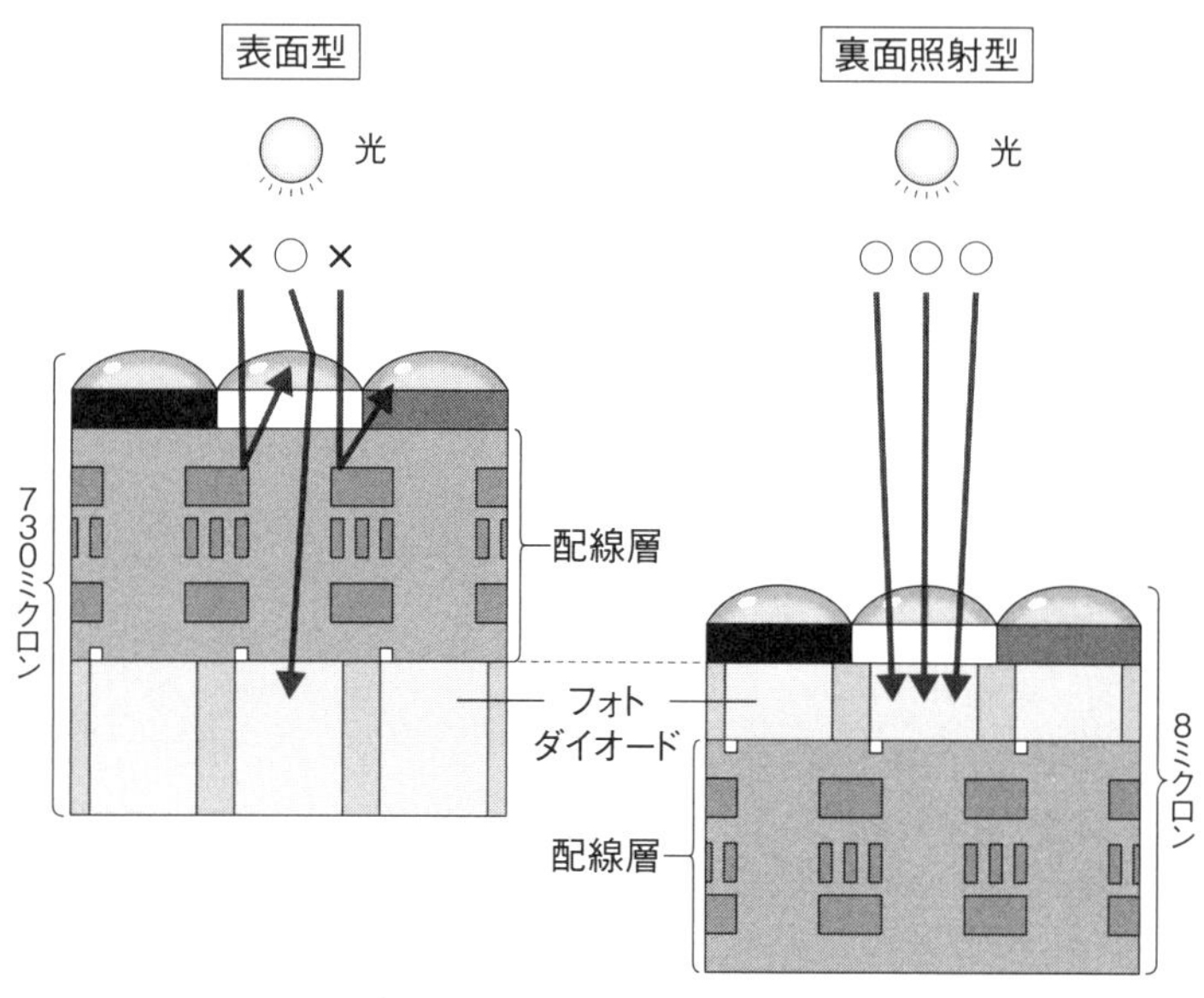

表面型と裏面照射型の違い

裏面照射型の原理じたいは古くから知られており、ハッブル宇宙望遠鏡のセンサーなど特殊用途では実用化が進んでいました。特殊用途仕様では低温での使用に限定することでノイズの発生を減少させることができるうえ、加工精度が低くて歩留まりが悪くても価格に転嫁できます。低い温度では電子の動きが鈍くなるためノイズも少ないのです。

しかし民生用ではそうはいきません。常温の使用でもノイズを発生させないような新たな工夫が必要です。また、裏面を極限まで高精度で薄く削らないといけないので、技術的なハードルが高く、生産性も低いため

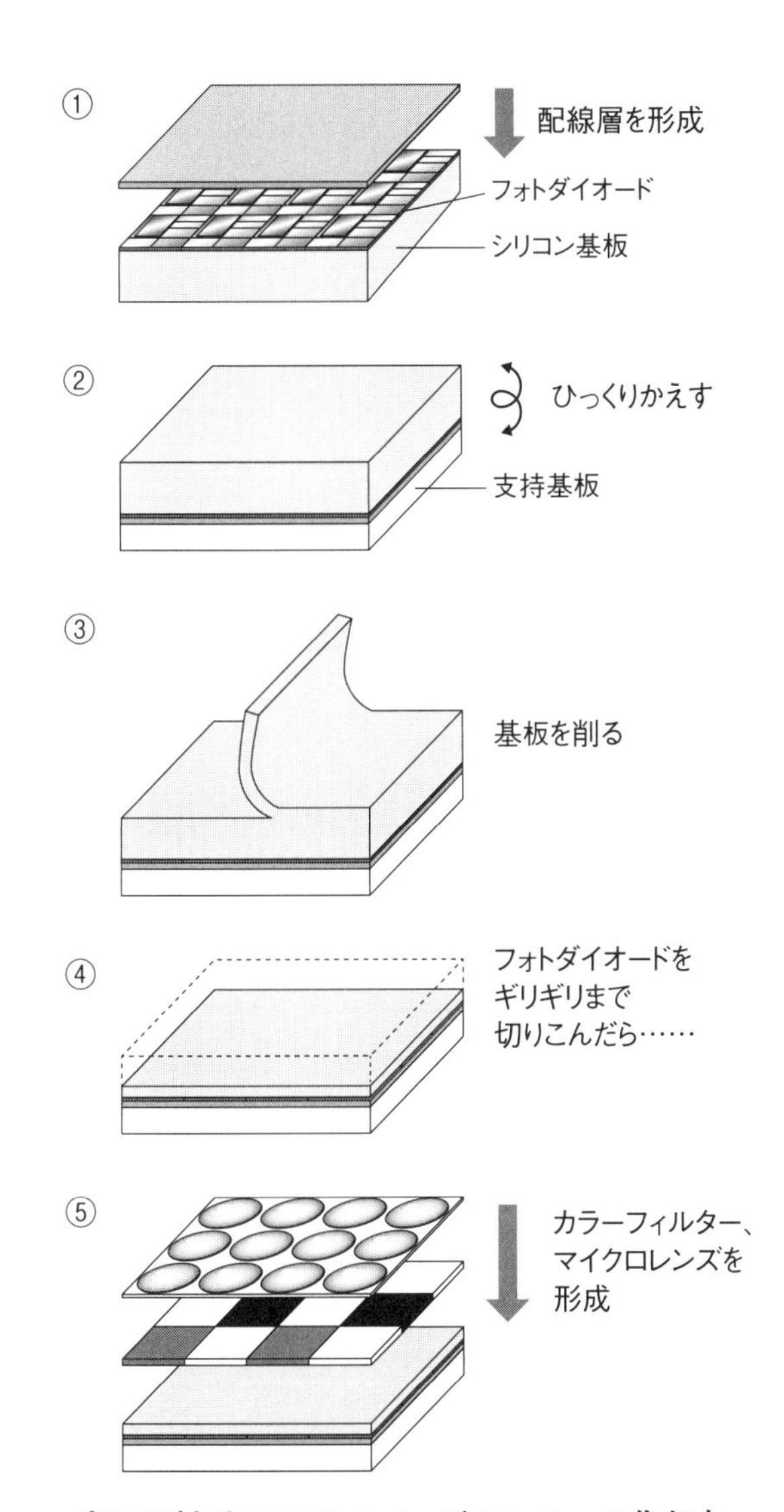

裏面照射型CMOSイメージセンサーの作り方

高価になってしまいます。これが民生用で使われない主な理由でした。

わずか10人弱でスタート

平山は、なんとかCCDイメージセンサーを画質で凌駕するCMOSイメージセンサーが作れないものかと考えていました。

実は以前に、別の若手エンジニア数名が裏面照射型CMOSイメージセンサーに興味を持ち、部長の上田康弘に「開発をやらせてほしい」と申し出てきていました。民生用の開発がどんなに難しいかわかっている上田は、簡単に首を縦に振るわけにはいきません。

「この開発は困難で、各社がトライをしたが失敗している」

諭すように説明しても、丸山というエンジニアが頑として譲りません。最終的に上田は

「失敗から学ぶのもナイストライだろう」

と割り切り、1年程度なら彼らの成長のためになると許可しました。

ここに平山が異動してきたわけです。

グループの企画はまだ具体的な開発ができるほどには練られていませんでした。平山はCMOS LSIの知識と経験を活かし、具体的な実現方法を考え始めます。そして早速、異動してきた2002年の暮れには実行可能な企画に仕上げ、総責任者の山極和男開発本

部長にテーマと予算の承認をもらうまでにこぎ着けたのです。

当時山極は、ソニーのカンパニー制の中で、セミコンダクタネットワークカンパニー・セミコンダクタ開発本部長という大きな権限を持つ立場でした。ソニーの役員でもあった山極は、ビデオのエンジニア出身で進取の気性にとんだ人物でした。

周りのイメージセンサーに詳しい技術者が眉をひそめる中、この開発に夢を持ち本社の予算会議の発表資料にまでこの開発の重要性を説明したうえで、

「CMOSイメージセンサーにもっと光を！」

こうぶち上げたそうです。山極は最初のサポーターでした。

いざ開発を進めるにあたって人材を集めたところ、イメージセンサーの経験者は先の丸山1人だけ。残りは平山も含めセンサーの素人ばかりでした。

メンバーは10人に満たない規模で、他の開発テーマを加えて、平山は部長としてこの開発を率いました。さらに兼務で、上田の部の課長として表面型の開発にも携わりました。

「どうなるという見通しのない開発に人を充てるなど考えられない」

他部署のマネージャーの中には、開発当初から苦言を呈する者もいたようです。しかし本人たちは意に介さず、

「困難な技術に挑戦し、大きな変革を起こしたい」

ただただ目の前の課題を前に、やる気を燃え上がらせていました。結果的には怖いもの知らずのチームだったのが功を奏します。

嫌われ者のCMOSセンサー

裏面照射型CMOSイメージセンサーは、配線層を形成した後、裏返し、支持基板となるウエハーと貼り合わせます。次に、ウエハーの裏面をギリギリまで研磨します（バックグラインド）。フォトダイオード手前で研磨を止め、その上にカラーフィルターやオンチップレンズを形成しなければなりません。

社内に開発設備を持たない工程は、手作りで乗り切る必要がありました。ここで活躍したのが、1992年入社で10歳年下の岩元勇人です。彼は先端MOS Logic（LSI）やメモリー要素技術に従事した後、2003年からCMOSイメージセンサー No.1プロジェクトに参加し、貼り合わせやバックグラインドといった裏面照射型CMOSイメージセンサー特有の要素技術開発や製造設備の開発を設備メーカーとも共同開発を行うなど統括課長としてリードしました。

本来ならば人がほとんどいないはずのクリーンルーム内で、岩元たちメンバーがウエハーを貼り合わせたり削ったりしているようすは、ちょっと異様でした。

「現在の半導体は、完全自動で生産される世界じゃないか。あいつらはクリーンルームの中で何をしているのか」

周囲は白い目です。

そもそもソニー社内では、裏面照射型の技術を実現することに懐疑的な人がまだ大半でした。バックグラインドの厚みの精度が性能を左右すること。バックグラインドでシリコン基板が薄くなり、熱容量が大幅に低下して暗電流（画質ノイズ）が発生し、画質低下が懸念されること……。心配は数えたらきりがありません。

最大の問題点は、「アニール処理（壊れた結晶構造を回復させるための熱処理）」でした。800度程度で行うノイズ対策で、表面型センサーなら普通に行われている工程です。しかし、裏返したことによって、フォトダイオードの下にすでにできてしまっているアルミの配線層が高温で溶けてしまうのです。

CCDイメージセンサーの技術者はノイズや混色を心底嫌い、これを極限までなくすことに命を懸けています。「暗電流は極限までなくせ」というのが不文律です。歴代の先輩たちから「センサーは画質が命だ」と教わりながら徹底的に仕込まれ、染みついている人たちです。

「フォトダイオードのところまで削って画質に影響が出ないはずがない。こんなものが

CCDを超えることなど不可能だ」

そう思っています。

裏面照射型CMOSイメージセンサーの開発が始まって間もないころのことです。ある日、半導体事業本部の技術会議で報告するように命じられた平山は、その場でいきなり罵倒されたのです。

「なんでこんなものをやっているんだ。ほかにやることがあるだろう、すぐに止めろ」

このとき、手を差し伸べたのが開発責任者の山極開発本部長です。唯一のサポーターだった山極は、会議の後に開発継続を承認し、予算を割いてくれたのです。

CCD開発当時の岩間和夫の精神が受け継がれていたのかもしれません。今、皆が享受しているCCDだって生みの苦しみがあり、井深大にまで「大丈夫か」と反対されかけたものを岩間が頑固に守って事業化したことを、山極は肝に銘じていたように思います。

周囲も反対はするが潰しはしませんでした。ソニーの設立趣意書に「技術上の困難は寧ろ之を歓迎」とあるのを組織として受け継いでいて、10人程度の開発チャレンジは黙認されるケースが多いようにも思います。

「見込みのある開発は上司には内緒で開発。失敗したら闇から闇へ」

昔、ウォークマンを開発した大曾根幸三元副社長がこんなふうにおっしゃっていたのを聞いたことがあります。

日陰での開発

ただ、周囲の心配は的中し、裏面照射型ＣＭＯＳイメージセンサーの開発は困難を極めます。当初考えていた技術ではうまく行かず、その都度、技術選択を見直しました。なかなか成果が出ずにチームのモチベーションが低下したことは一度や二度ではなかったようです。

ある日、平山は若いエンジニアたちから、

「厚木駅近くの焼き肉屋で待ってます。重要な話がありますので来てください」

と呼び出しを食らいます。

厚木駅は、厚木事業所の社員が普段使う小田急線本厚木駅の、１つ隣の駅です。わざわざほかの社員の来ない場所を選んで呼び出されたのです。

「このままの開発方針で進めていいて本当に大丈夫なんですか？」

「成功する見込みがあるんですか？」

部下からの突き上げや直訴に遭ったといいます。平山にとってつらい時期でした。

ついには、これまでの表面型に使われていたノイズ抑制原理に見切りをつけ、新しい手法にチャレンジすることにしました。この3年間ほどの努力が水泡に帰することになる苦渋の決断でしたが、幸い、早々に、よりよい感触をつかみます。残念ながらこの新しいノイズ抑制原理は今でも開示できない秘密だそうです。

平山はある程度の特性が出たところで世の中に成果を発表することで、メンバーを鼓舞し、かつ反対派の流れも変えようと試行錯誤していました。2006年2月には、半導体学会で最高峰となるISSCC(国際固体素子回路会議)での学会発表にこぎ着けます。しかし残念ながら社内での状況はあまり変わらなかったようです。原理的には格段の進歩があっても、皆の納得が得られるような画質でのデモがまだできる状態までには至っていません。

はかばかしい成果が見られない中では、開発予算の確保にも苦労します。ソニーでは毎年、予算審議のときに担当者が開発テーマと内容、進捗を報告することで、来年度の予算を承認してもらうのが恒例です。

半導体事業本部長は眞鍋研司から中川裕に替わっていました。開発スタートから4年目の2006年、平山は開発を加速するために、本格的な予算が必要になると皆の前で発表しました。が、反応が一様によくありません。予算を承認しても、開発がうまくいく道筋がまるで見えてこないのですから無理もありません。

中川がイメージセンサーの総責任者の鈴木智行・半導体事業本部副本部長に聞きます。

「これはものになるのか」

「中川さんの時代には無理でしょうね。原理はおもしろいのですが製造するのが難しいし、とにかく画質がね」

鈴木の回答はにべもありません。

「ハッブル宇宙望遠鏡のような研究用にはいいかもしれないが、価格と画質に厳しい消費者の目を満足させるためには暗電流と混色を大幅に改善する必要があります。なにせシリコンを削るわけだから、シリコンの配列にダメージを与えますよ」

鈴木はこう説明を続けました。

「CMOSは配線層を形成した後、裏面側にノイズを抑えるための高温処理をしたいんですけど、それができない」……

のちにインタビューで鈴木は「自分も反対派の1人だった」と答えています。

平山たちは、反対派がスパイを送り込み進捗を確認して「潰せるタイミングはないか」と嗅ぎまわっているように感じたこともあったと振り返っています。

守られた「ソニーらしさ」

ただこのときも、チャレンジを潰しはしないというソニーの〝伝統〟は守られました。牧本次生、眞鍋研司といった代々のCTOが山極と同様に開発に寛容であったのに加え、無駄なお金を使うことが何よりも嫌いで有名な本部長の中川でさえ、CMOSイメージセンサー開発の予算を取り上げることはしなかったのです。

しかし金食い虫という烙印を一度押された研究者は、開発し終わるまであまり日の目を見ない存在になるのはどこでも同じでしょう。実際に平山は、人事委員会で中川に「あの変なプレゼンをしていたやつだろう」と、昇格を見送られたことがあります。ソニーの役員にまで優遇された今となってはまるで都市伝説のようですが、栄光をつかんだように見える人たちにもそれぞれつらい歴史があるものです。

平山ら開発陣は周囲の冷たい反応の中で密かにファイトを燃やし続けます。

翌2007年には、「もしも」を予感させる試作の画を見せられるところまで工夫を重ねてきたのです。

大幅な画質向上に貢献したのが、くだんのアセットライト戦略の一環でCMOSイメージセンサー開発にシフトさせられていた門村新吾の部隊でした。門村らが最先端のMOS Logic用に開発していたHigh-kゲート酸化膜やLow-k配線に関する技術開発が、キーテクノロジーとして活きたのです。裏面照射型CMOSイメージセンサーでは不可欠となるウエハーの貼り合わせ技術や、低温熱処理でのフォトダイオードの性能改善技術など、半導体製造装置を自らいじって実現することで平山たちを支えました。

そして2007年暮れ、ついに、裏面照射型CMOSイメージセンサーが完成します。感度が2倍になりノイズも抑えられたことで、暗い夜景も明るくきれいに撮れるのが最大の特徴です。

画を見せられた鈴木や岡本も平山たち開発チームを激励し、何よりも画を見せられたセット部門が態度を豹変し、1年後の商品化を強く要求するというフィーバーとなったのです。

平山たちは、通常2年はかかる量産化を1年で行うことをセット部門と約束する羽目になってしまいました。超特急で量産設備の開発や発注を進める中、思わぬ事件が起こります。

一目瞭然

忘れもしない2008年5月27日のことでした。米オムニビジョンが一足先に、裏面照射型CMOSイメージセンサーの開発を発表してしまったのです。

ソニーの開発陣は、いつだって世界初を目指しています。それこそが大きなモチベーションなのです。

「こんなことになるなら自分たちだって、もっと早く発表したかった」

開発チームががっかりするのは無理もありません。ソニーは半月遅れて6月11日に開発発表を行いました。2002年にCMOSイメージセンサー No.1プロジェクトが発足してから、すでに6年がたっていました。

ところが、しょんぼりしている暇はありませんでした。開発発表した裏面照射型CMOSイメージセンサーは、誰の目にも画質と明るさの差が歴然としていました。瞬く間に評判となり、ソニー本社や他社からも熱いエールが送られるようになったのです。

2008年6月1日から半導体事業本部長に就任していた私は、平山たちに1年後の商品搭載のスケジュール厳守を要求しました。

「1年後に出すカムコーダーの新兵器モデルにどうしても搭載したい」

平山たちも商品化ではオムニビジョンに必ず先んじよう、とメンバーでかたく誓ったとはいえ、

「これは、とんでもないスケジュールを約束させられたぞ」

と、あらためて頭を抱えたそうです。

ついにハンディカムに搭載

裏面照射型CMOSイメージセンサーは製造工程が独特で、生産を安定させるのも容易ではありません。また、量産工程の立ち上げとなると、予想もしない問題が発生するのが常です。後半の工程の問題対策に時間を要し、製造設備の条件（半導体ではレシピと呼ぶ）が決まったのは長崎工場から出荷する1週間前というギリギリの状態だったそうです。

半導体に詳しい人なら失神しそうな話でしょう。なにせ半導体はウエハーを生産ラインに投入してから完成品になるまで、平気で2〜3カ月かかるのです。この中のどこかの工程で問題が起きれば生産が滞り、すべてが止まってしまいます。

ただ私は、供給責任や生産トラブルの問題よりも、早く製品化するほうがプライオリティーが高いと判断していました。これはあの平面ブラウン管テレビ・WEGAをたった1年で商品化した中村末広から学んだものでした。

「いつまでに完成できるんだ？　期限を保証しろ」

開発メンバーにこんな態度で迫れば、彼らは安全サイドに走って「2年後なら」「3年後ならできます」と答えるでしょう。

逆に、開発側のプレッシャーと制約条件をよく聞いて、

「多少は遅れるようなことがあっても、結果としては早く世に出すことになる。何か起

これればすべて私が責任を取って謝る、セットの人たちに叱られても仕方がない」

背中をこう押してあげれば、結果としては最速で準備できるはずなのです。

その後、問題が発生し、開発メンバーが「さすがに時間厳守は無理か」と鈴木副本部長のところへ駆け込んだときも、

「できるよ、大丈夫だからやれ」

鈴木はこう言っただけだったそうです。ここで「しょうがないから遅らそう」と言ったらそれまでのことです。上司が試される場面です。

最後の工程だったとはいえ、製造設備の条件が確定したのが12月19日、その条件で生産されたウエハーが、チップ組み立て工程を担当する熊本に向け長崎から出荷されたのが12月26日でした。

綱渡りスケジュールの下、翌2009年2月、世界最初の裏面照射型CMOSイメージセンサー「Exmor R（エクスモア）」を搭載したカムコーダー「ソニー ハンディカム HDR－XR520V」が発売されました。〝画質革命〟〝感度2倍〟がうたい文句でした。量産出荷をお願いされてからおよそ1年後、ソニーの開発発表からたったの8カ月後のセット発売。オムニビジョンたち競合メーカーもさぞ驚いたことでしょう。平山たちはスケジュールの約束を守ってくれました。

実際の商品が世に出ると、社内の見る目はさらに変わります。

「次はどのような開発をやるのですか」

社内セット部門からは、打合せ要請がつぎつぎと舞い込むようになりました。

「このころから、半導体本部内でもいろいろなチャレンジにお金が出る雰囲気になった」

平山はこう述懐しています。

最強の伝道者あらわる

裏面照射型ＣＭＯＳイメージセンサーは、２００９年9月にはデジカメ「サイバーショット」にも搭載され、ある程度の評価を受けました。ある程度と言ったのは、この商品ではＨＤ動画撮影や高速連写といったＣＭＯＳならではの機能をじゅうぶんにアピールできなかったからです。

デジカメで静止画を撮るだけなら、ＣＣＤイメージセンサーのほうがコストパフォーマンスに優れています。そこにあえて裏面照射型ＣＭＯＳイメージセンサーを搭載する意味をどれだけ消費者に理解してもらえるか。セット側のマーケティング力が試されていました。

さて、搭載する商品が増えてくると、デバイスのモデル展開が必要になります。カムコーダー用は663万画素の1／2・88インチ、デジカメ用なら1020万画素の1／2・4インチというように、サイズや性能が異なるためです。モデル展開は開発部門と事業部との共同作業になります。

ここでもう1人の主人公、イメージセンサー事業部を担当する上田康弘についてお話ししたいと思います。

上田は2001年にセンサーおよび周辺デバイスの事業部長になった後、上司の争いに巻き込まれて左遷されてしまいます。当時は半導体全体を統括するネットワークカンパニー（NC）と、その下にいくつか小さなカンパニー（通称ちびっこカンパニー）があり、それぞれに「NCプレジデント」と「カンパニープレジデント（ちびっこプレジデント）」が存在していました。

ちびっこカンパニーの1つに、イメージングデバイスカンパニーというイメージセンサーだけのカンパニーがあったのですが、あるときからNCプレジデントとちびっこプレジデントの仲が悪くなったらしいのです。

ちびっこ「カンパニー」とは名ばかりで、たいした権限も委譲されません。しかし任命されたちびっこプレジデントたちは、「社長というからにはある程度の独断専行が許される」と理解し、NCプレジデントの了解なしにいろんなことを進める傾向にありました。

ちびっこカンパニー制度は人材育成のために設けられた制度だったようですが、生き残ったちびっこプレジデントはごくわずか。ほとんどが上司とうまく行かず、潰れていきました。

上田の場合は、上司だったイメージセンサーカンパニーのちびっこプレジデントが工場に左遷されると同時に、とばっちりを受けて事業部から外され、開発本部のプロセスプラットフォーム部門に左遷されてしまいます。左遷先で上司となったのが岡本裕。そのときに裏面照射型ＣＭＯＳイメージセンサーをやらせてほしいというエンジニアたちに遭遇した話はすでに述べました。

危機を救ってくれたのは、当時副社長だった中鉢良治だったようです。当時、中鉢は液晶パネル事業の赤字に苦しんでおり、上田がくすぶっていることをふと思い出したようです。

「こいつなら事業を立て直してくれるかもしれない」

中鉢は上田をマイクロＬＣＤ（液晶）事業部長に復活させます。マイクロＬＣＤは小型高精細が特徴で、カメラやカムコーダーのビューファインダーに搭載されます。ちょうど中鉢が久夛良木健たちと社長レースをしていたと思われる時期ですから、自分の担当領域での大幅赤字は消しておく必要があったのでしょう。

実際、マイクロＬＣＤ事業は就任1年で黒字化し、中鉢が社長に就任した２００５年、ご褒美として上田はイメージセンサー事業部長に復帰できたそうです。サラリーマンは運も味方にする必要があるようです。

上田も間違いなくソニー・イメージセンサー躍進の立役者として紹介されるべき人物です。上田は裏面照射型ＣＭＯＳイメージセンサーを怒涛の如く商品展開していきますが、そのスピードで他社を圧倒していくのです。

他社製品につぎつぎ採用

ハンディカムなど自社製品への搭載と並行して、私は上田や鈴木たちとソニー社外にも裏面照射型ＣＭＯＳイメージセンサーを紹介して回ることになりました。

当時、ソニーとキヤノンは年1回の持ち回りで懇親会を兼ねた合同営業会議を行っていました。きっかけは、キヤノンはデジカメ「ＩＸＹ ＤＩＧＩＴＡＬ」が絶好調だったころにさかのぼります。ソニー製２００万画素のＣＣＤイメージセンサーを搭載していたこともあり、市場で好評を博し品不足になっていました。ＣＣＤの急激な供給増加が必要となり、ソニーも協力しました。

これに反応してくれたのが、キヤノンの御手洗冨士夫会長でした。

「こういうお世話になったときは、お前たちいつも接待されてばかりでなく、自社の保養所にでも招待して労をねぎらったらどうだ」

カメラ部隊の人たちに対して言っていただいたのが、合同営業会議が始まったきっかけだと聞いています。これ以降、汎用品はほとんどソニーのCCDを使ってもらえる関係にありました。

私が半導体事業本部長になった2008年はソニーが主催する番で、私はでき立てほやほや、6月に開発発表をしたばかりの裏面照射型CMOSイメージセンサーをお披露目することにしました。

キヤノンの期待度は想像以上で、「最高のカメラメーカーは最高のフィルムを求め、デジタルの時代には最高のセンサーを求める」というのがよくわかりました。特に、のちにキヤノン社長にまで上り詰めた真栄田雅也・イメージコミュニケーション事業本部長は感激して握手を求めて来られたほどです。

「今日は久しぶりに良いものを見せてもらいました。われわれもコストダウンのお願いや価格交渉ばかりやっていてはいけませんね。こういう技術の将来を語り合うことが必要だ」

興奮ぎみにこう言われたのを今でも忘れません。

キヤノンからは2010年5月にデジカメ「IXY 30S」が裏面照射型CMOSイメージセンサーを搭載し発売されました。

並行して、上田は裏面照射型CMOSイメージセンサーならではの機能をアピールできるパートナーを探しに、カシオを訪問していました。皆を驚かす彼の悪だくみは次の章で述べます。

第5章

マーケットを拡大せよ

裏面照射型CMOSイメージセンサーのような画期的な技術が開発されたとしても、それがすぐに巨大市場を生むとは限りません。強い武器を有効活用して市場創造戦略やマーケティング戦略を練り、セットメーカーを攻略していくことが必要となってきます。

2010年時点でのイメージセンサー市場は、金額ベースで、携帯電話向けが36％、デジタル一眼レフカメラ向けが27％、デジカメ向け21％、監視カメラ向けが12％、カムコーダー向け3％という順でした。

その中でソニーのシェアは、数量ベースですが、携帯電話向けが11％、デジタル一眼向け38％、デジカメ向け64％、監視カメラ向け69％、カムコーダー向けは98％を占めていました。

シェアの高さが裏目に

裏面照射型CMOSイメージセンサーは動画撮影機能で抜群の特徴を発揮するので、動画撮影を目的としたカムコーダーの市場向けにはうってつけです。しかし、この数字を見てわかるように、動画撮影の主力であるカムコーダー向けは3％と市場が小さく、しかもすでに98％のマーケットシェアを握っていました。これでは、市場をさらに攻略しても全体の売り上げ拡大にはつながりません。

ポートフォリオ戦略でいうキャッシュカウ（認知度が高く安定した収入源）のポジションにあるとはいえ、ラインナップの拡充は難しいという状況でした。

しかも、カムコーダーのマーケットは頭打ちでした。カムコーダーは、日本市場では子供の成長記録などに大変重宝で、運動会シーズンを中心に根強い需要がありました。ただ、旅行のお供としての記録撮影用は、むしろデジカメや、デジカメに代わる携帯電話の静止画撮影でじゅうぶんだというトレンドになってきていました。カムコーダーの用途が限定されてきていたのです。

デジカメもデジカメで、市場はまだ伸びていましたが、２０１０年にピークアウトしてしまいます。何か起爆剤が必要でした。

当時、普及価格帯のデジカメ向けイメージセンサーでは価格や明るさの点でＣＣＤイメージセンサーが強く、いまだに設備投資を要求されていたほどでした。そこで、デジカメに裏面照射型ＣＭＯＳイメージセンサーを搭載し、動画機能を付加して新しいニーズを掘り起こすとともに、ＣＭＯＳイメージセンサーでソニーのシェアを拡大させてはどうか。イメージセンサー事業部長の上田康弘はこう思いつきました。

２００９年９月にソニーのサイバーショットに採用されてある程度の評価を得たのはすでに述べましたが、新しいトレンドを作ったとは言えず、上田は不満でした。特にセット事業部の上層部が、デジカメでの裏面照射型ＣＭＯＳイメージセンサーを際物扱いしているのが気になっていました。当時の上層部は慎重な人で石橋をたたいても渡らないと揶揄されていました。コストを重視していたのかもしれません。ソニー社内で「デジカメで動画を撮って楽しむ」という文化を形成するには時間がかかりそうな雲行きでした。

他社に活路を見出す

上田は、皆を驚かせるような行動に出ます。

裏面照射型ＣＭＯＳイメージセンサーの特徴を最大限に生かしたデジカメを、カシオと共同開発することにしたのです。上田は、鈴木智行副本部長が懇意にしていたカシオの高島進役員のところに駆け込み、共同開発の同意を取り付けてきました。

２００９年11月、カシオ「ＥＸＩＬＩＭ ＥＸ‐ＦＣ１５０」が発売されます。サイバーショット発売の２カ月後ということもさることながら、40枚／秒の高速連写、１０００ｆｐｓ（毎秒１０００枚）の動画撮影、しかもその動画を超スローモーションで見ることができるなど、動画撮影の新しい提案が満載でした。業界で大いに話題となり、商品は大ヒットします。

カシオはそれまでも高速撮影によるスローモーション機能をうたっていましたが、ソニー製裏面照射型CMOSイメージセンサーの高画質のおかげで、スローモーションでのノイズがまったく気にならなくなったのです。

EX-FC150のヒットで、ほかのデジカメメーカーも裏面照射型CMOSイメージセンサーにがぜん注目するようになりました。

一方で私と鈴木は、デジタル一眼に搭載する大型イメージセンサーの商売を拡大させようと努力しました。センサーを大型化すれば面積比で受ける光量が増して明るくなりますし、マニアに好まれるボケ味のきいた画が撮影できるようになります。

ソニーがデジタル一眼市場を開拓したのはかなり古く、最初はCCDでした。1996年くらいにニコンの富野直樹さんという開発役員がソニーを訪れ、「一眼レフのデジタル化を行いたい」と言ってきたそうです。

当初、ニコンは35㎜のフルサイズ（イメージセンサーが35㎜判フィルムと同じ大きさ）を希望したようです。ただ、半導体製造工程で、露光機がワンショット（1回の光照射）でウエハー上に電子回路を書き込める限界は、最大でもフルサイズより小さいAPS-Cサイズ（23・4㎜×16・7㎜）が限界です。そのため、結果的にAPS-Cサイズのカメラとなりました。

歩留まりは1枚のウエハーで1枚取れるかどうかで、下手をすると良品が1枚も取れないことがあったと聞いています。当時半導体事業本部長だった中村末広の許しを得ての共同開発でしたが、この歩留まりですから事業部長は、

「1個100万円で売ってこい」

と命じたそうです。当時ただの課長だった上田は10万円という破格の値段で話をまとめ、ニコン側も思い切った65万円というプライシングを行い、「D1」として1999年に発売されました。

会社を越えた富野氏と上田、2人の〝悪だくみ〟は、新しい市場創造のための種まきであり、称賛すべき先行投資でした。しかしさすがに課長権限を超えており、上田はクビを覚悟したという伝説が残っています。

こういう取り組みはトップの目の届かないところでこっそり実行し、事業全体の利益でカバーすればよいのです。さすがに責任は事業部長にあり、部長の指示に従うルールになりますが、おそらく「100万円」と言った事業部長には長期的な視野がなかったのでしょう。

自社カメラ部門が白旗

ニコンからD1が出た後も、カメラメーカーから35㎜のフルサイズ化の要求はあったよ

ワンショット露光　　ツーショット露光

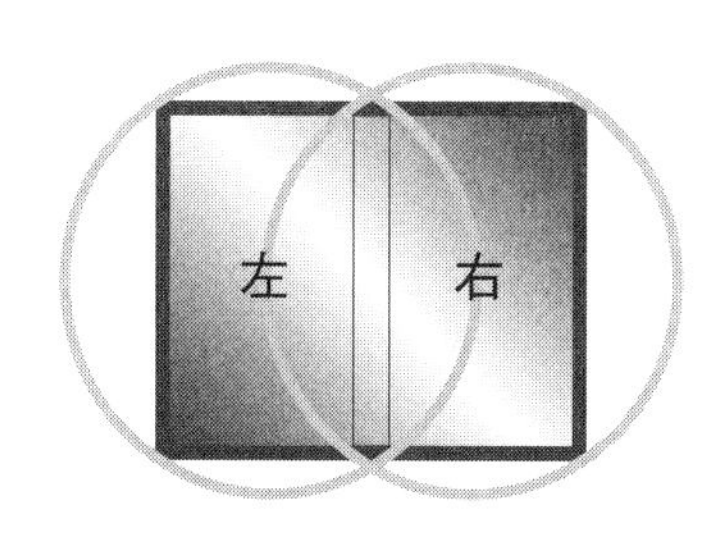

ワンショット露光とツーショット露光

うなのですが、先ほど述べたように露光機の限界がありました。最初に半分光照射して、残りの半分を再度光照射する「ツーショット露光」でフルサイズのイメージセンサーを完成させる必要があったのですが、２回露光による境目のずれをなくす技術の確立に時間がかかったようです。

ツーショット露光の問題を解決した表面型ＣＭＯＳイメージセンサー「Ｅｘｍｏｒ（エクスモア）」を発表したのはようやく２００８年1月のことです。セットとしては２００８年10月にソニーのフルサイズ一眼「ＤＳＬＲ－Ａ９００」に搭載されたのが最初です。デジタル一眼市場ではキヤノン、ニコンのカメラメーカーが世界的に強かったのですが、ソニーも２００６年にミノルタのカメラ部門を買収して参入し、一定の存在感を占めていました。

「ならばソニーが、デジタル一眼市場でフルサイズのＣＭＯＳイメージセンサーを使ったセット・デバイスの垂直統合モデルで一気に存在感を示してはどうか。その流れができれば他社にも拡販すればいい」

私はこんな作戦を考えました。

ソニーはＡＰＳ－Ｃサイズでは「ＮＥＸ」シリーズを発売し、コンパクトなサイズで高画質な性能が市場で受けてヒットしていました。

フルサイズのイメージセンサーは、その名のとおり面積が大きく、とてつもなく明るい。しかし３００㎜ウエハーで１００％の歩留まりで完成品を作れたとしても（これを理論収率といいます）、40個ぐらいしか取れなかったと記憶しています。

半導体は面積が大きくなればなるほどゴミが付く確率が高くなるので歩留まりが悪く、完成品は少なくなります。当時の技術で仮に歩留まり30％、１枚のウエハーの売値を１５０万円とすると、13万円というカメラ本体並みの部品価格となってしまう現実があったのも事実です。

創業者の井深大流にいえば、これが世間で受け入れられれば、後は工夫をして歩留まりを上げさえすればそれが利益につながる、だからチャレンジすべきだ、となるのでしょう。

しかし当時のソニーのカメラはそこまでのブランド力はありませんでした。前述のＤＳＬＲ－Ａ９００発売後、次の後継モデルのためにセンサーの値段を赤字覚悟の半額にしたたにもかかわらず、それを搭載した「900マーク2」を出した後にセット部門から白旗が上がったのです。

「今後、ソニーのカメラはAPS－Cサイズに特化する。どうか他社とフルサイズ作戦を進めてほしい。成功しても一切文句は言わない」

事業部がこう言ってきました。高い一眼レフはニコンやキヤノンにかなわない。だったら快進撃を続けるNEXで勝負をかけたいということだったのでしょう。ここでも石橋をたたいても渡らないセット部門首脳陣の性格が出たのかもしれません。

キヤノンの門をたたく

「なんて意気地のないセット部門だ！」

私は匙を投げてキヤノンに提案へ向かうことにしました。当時まだ世の中になかった1億画素のフルサイズCMOSイメージセンサーの独占開発を提案したのです。

D1からの付き合いであるニコンではないのか、と思われるかもしれません。実際、関係の深いニコンに対し、キヤノンにはそれまで購入実績がありませんでした。

しかし、ニコンとキヤノンは競合関係にあります。ここはあえてキヤノンに提案し、両社が競い合うことで、大きくビジネスを伸ばすチャンスだと考えました。キヤノンならフルサイズのトレンドを作ってくれるという期待もありました。

キヤノンのカメラ部門は私の提案に乗り気でした。しかし、キヤノン社内にはセンサー部門が存在し、「フラッグシップモデルのカメラは自社のセンサーを使うべし」というポリシーがありました。残念ながら交渉はうまくいきませんでした。

もっと言えば、フルサイズやAPS－Cサイズのセンサーは何しろ面積が大きいので、そのままでも明るく、わざわざ裏面照射型センサーにする必要がない。ソニーの技術的特徴をじゅうぶんには発揮できないという事情もありました。

交渉は不発に終わりましたが、まったくの無駄にはなりませんでした。この間、副本部長の鈴木が私の動きに危機感を抱いたようなのです。

鈴木はソニーカメラ部隊の将来を案じ、本社認定の「αプロジェクト」なるものを立ち上げました。彼らでものめる秘密兵器の開発をセット部門と始めるというもので、秘密兵器ですから私や事業部長の上田にも内容をあまり教えてくれません。

実はαプロジェクトは、像面位相差AFセンサーをCMOSイメージセンサーに盛り込むという機能を開発していました。

像面位相差AFというのは、一眼レフカメラに使われる位相差方式のオートフォーカスの一種です。位相差方式がハーフミラーを使って専用のAFセンサーを用いるのと異なり、メインのセンサーにＡＦセンサーを作り込みます。常時、センサー画面をビューファインダーで見ているミラーレス一眼では有効な方式です。カメラじたいの構造をシンプルにできることに加え、ＡＦの動体追随性能向上やＡＦの高速化を図るとともに多点化することで、広い範囲のＡＦを実現できるようになります。

　像面位相差ＡＦセンサーは最初、ＡＰＳ－Ｃサイズのカメラに搭載され、のちには「今後ソニーのカメラはＡＰＳ－Ｃサイズに特化する」という前言を撤回して、フルサイズのカメラとなって発売されました。「α７Ⅱ」というフルサイズのミラーレス一眼で、１１7点位相差ＡＦセンサーと25点のコントラストＡＦをセンサー画面に別途作り込むというものです。２０１４年12月に発売されました。

　私が1億画素の開発をキヤノンと始めたらソニーのαはどうなるか心配しての、秘密裏の造反でもあったように思います。まあ、こういった秘密プロジェクトを上司にも言わずこっそりと始めるところが、やはりソニーらしいところです。

　今やソニーのデジタルミラーレス一眼は、キヤノンとニコンの2社と肩を並べ、未来永劫参入しないと宣言したフルサイズや像面位相差ＡＦ機能などを搭載し、輝いているのはなんとも頼もしいかぎりです。

ソニーマンの個性

自由に自分の価値観で作戦を立て、ある程度まで秘密裏に進めていく。それぞれが個性を発揮するから、とがった作戦が生まれてくる。全員のコンセンサスを得て進めようとしていたら、皆が潰れてしまう。これは井深の言う「皆の潜在能力を十二分に発揮できるような組織運営」ではないかと思います。それこそが、ソニーグループの強さです。

鈴木智行は、幕末で言えば吉田松陰のような人だと思います。彼自身も松陰の「かくすればかくなるものと知りながらやむにやまれぬ大和魂」という句を愛し、理想論と行動、科学的な経営手法による後進の育成を旨としました。

イメージセンサー事業は海外工場を持たないため、海外赴任経験がない人が大部分を占めていました。鈴木もその欠点を自覚し、厚木の英会話教室NOVAに長年自費でNOVA留学をしていました。こうしたひた向きな努力は部下にも伝わり、慕われていたように思います。

私は郷土の坂本龍馬を愛し、理想よりも合理主義、僚友の武市半平太の土佐勤王党の限界を見抜き勝海舟に師事した大局観を旨としています。上田康弘は高杉晋作のごとき実行力と統率力を持ちます。

フルサイズセンサー開発の例でいえば、私は最大シェアを握っていて購入実績がないキヤノンに的を絞って商売拡大を目指すのが合理的と考え、鈴木は、拒否はされてもソニーメンバーとしてセット部門と切磋琢磨の関係をいかに続けるかを模索する。上田はカメラで動画を撮る文化形成に持ち前の行動力を発揮するという、持ち味の違いが出るわけです。上田の努力は、後のスマートフォン市場での動画撮影の文化育成につながりました。

研究開発を担当していたプロセス開発者の岡本裕はその後、業務用のセンサー事業部長になっていましたが、そこでなんとオリンパスの内視鏡のセンサーのビジネスを勝ち取ってきました。相手はパナソニックです。オリンパスとはカメラ規格「マイクロフォーサーズ」を共に作り出した盟友関係にあり、その絆は固いように思えました。

実はオリンパスとは昔、ソニーの誰かが大変な失敗を犯して出入り禁止になったという伝説もありました。岡本は、オリンパスとパナソニックの牙城を崩してきたのです。

オリンパスにとっても内視鏡のセンサーは心臓部なので、ソニーと付き合うと決めた以上、本気の覚悟。当時の森島治人副社長はもちろん、笹宏行マーケティング本部長（後の社長）も出席し、主要幹部でのパートナーシップ確認の宴会を行いました。これは図らずも、後のソニーとオリンパスとのメディカル事業での協業の布石となりました。

話です。

「ケータイで動画」機運つかむ

余談が過ぎました。携帯電話用のイメージセンサーの話をしなければなりません。カムコーダーの次にデジカメ向けの市場を開拓したソニーが、次に狙ったマーケットが携帯電話です。

携帯電話用イメージセンサーの市場は2010年時点で9・8億個、イメージセンサー市場全体で12億個ですから、すでに数量ベースでは81%が携帯電話用になっていました。携帯電話市場はイメージセンサーの単価が低いため、金額ベースでは36%となりますが、それでも最大の領域です。デジカメが頭打ちしている状況を考えると、ビジネスを拡大できる市場として大変重要と思われました。

ソニーは携帯電話向けに2003年に参入し、2007年には5%、2010年には11%の数量シェアを獲得していました。携帯電話用センサー市場はコスト要求が厳しく、特に、普及価格帯の低画素CMOSイメージセンサーでは価格競争力が重要になっていました。

しかも調達リスク軽減のために複数社から購買するのが常識の世界。デバイスメーカーは、要求スペックに合わせた仕様で各社同じ性能のセンサーを供給する場合が多いのです。差別化もできず、あまりうまみのあるビジネスとは言えません。

このためソニーは、独自の特徴を出せる高級カメラを装備した上位機種に狙いを定めて1社独占で売り込んでいました。当時のモデルで500万画素以上を対象とし、70％以上のシェアを獲得したと認識していました。

ただし、最初のころは携帯電話機メーカーから見向きもされませんでした。

「500万画素の写真を携帯同士で交換する？　動画も撮影するって？　一体、通信コストがいくらかかると思っているの、あなた方は通信の素人だね」

売り込みに行くと、こう言われたそうです。

ところが通信技術はどんどん発達し、送信できる情報量が増大し、静止画を送り合う時代へとあっという間に移り変わりました。最初は500万画素だったものが800万画素となり、さらに1200万画素へと各社が画素数を競い合う時代になりました。そのうち、動画撮影機能をアピールする会社も出てきたのです。

動画を送り合う文化を作ったのは、スマホを使いこなした欧米の若いユーザーでした。現地ではWi－Fi（無線LAN）が早くから発達していたからでしょうか。スマホで撮った写真を仲間とシェアするのに飽き足らず、動画を撮影してシェアするようになったのです。

今では当たり前のトレンドですが、実はスマホに装備されているCMOSイメージセンサーの実力では厳しい使われ方でした。当時のインターネット上の書き込みでは、「スマホの動画が暗すぎて使い物にならない」というクレームが飛び交っていたのです。

当時はまだスマホ用のイメージセンサーとして、低コストな通常タイプ（表面型）のCMOSイメージセンサーが使われていました。各メーカーはCMOSイメージセンサーの欠点である暗さを補うために、フラッシュをたくことで明るい静止画を撮れるようにしていました。

しかし動画となるとフラッシュをたくわけにはいきません。特にスマホ用に供給されていた通常タイプのCMOSイメージセンサーは暗くて室内での動画撮影には不向きでした。

かくしてソニーの裏面照射型CMOSイメージセンサーが、にわかに脚光を浴びるようになったのです。なにせ明るさが2倍になるわけですから、「動画が暗い」というクレームをたちまち解決できるというわけです。ソニーにとっては、まさに千載一遇のチャンスが巡ってきました。

一度壊してからが真の交渉

素早く動いたのが、ユーザーのクレームの的となっていたスマホメーカーたちです。彼らが必要とする数量は膨大で、ソニーの裏面照射型CMOSイメージセンサーを採用してもらうとなると、われわれも生産キャパシティーを相当増加させる必要がありました。

スマホメーカーのほうでも、ソニー独自の技術である裏面照射型センサーを採用すると、セカンドソース（第2供給先）を他社に期待することができなくなってしまいます。上位機種限定ならいざ知らず、台数が格段に多い中位機種にも搭載するとなると話は違ってきます。1社購買によるリスクが発生するうえ、他社と比較してコストダウンを要請することも困難ですから、相当の覚悟が必要だったはずです。

交渉には半導体事業本部長である私自身も駆り出されました。価格の問題、工場一極集中のリスク対策、供給問題が出て来たときのプライオリティーなど、交渉内容は多岐にわたりました。交渉が暗礁に乗り上げることも多々ありました。

しかし私には昔、米コロンビア・ピクチャーズ買収で大賀典雄元会長をサポートしたときの経験がありました。

「大事な交渉は一度壊してからが勝負だよ。ここからが価格交渉の本番なんだ」

このように教えられていたので、慌てることはありませんでした。

交渉は「雨降って地固まる」なのです。ギリギリの話し合いを通じて、お互いの信頼関係が生まれてくる。信頼関係を築いて真のパートナーとなれるかが、双方にとって重要だったと今になって振り返れば確信します。もちろん裏面照射型ＣＭＯＳセンサーという唯一無二の武器があっての交渉です。

モリス・チャンの一言

話が少し逸れます。半導体事業本部長就任からまもなくして、世界最大の半導体ファウンドリーメーカーである台湾セミコンダクター・マニュファクチャリング（ＴＳＭＣ）会長のモリス・チャンが私を訪ねて来てくれたことがありました。ソニーの半導体のボスはどういうやつなんだろうと興味を持たれての来訪で、本社の役員応接室で対面しました。

当時、ソニーの半導体はアセットライト戦略に大きく舵を切り、ＴＳＭＣに「プレイステーション」のコアＬＳＩを委託していたのです。この戦略変更はモリス・チャンの講演を聴いたことが大いに参考になったと私が話しているのを、彼は聞きつけていました。

最初にモリスは、私にこう言いました。

「ソニーはＴＳＭＣのパートナーか。もしパートナーだったらＴＳＭＣは万難を排してソニーをサポートする。それがアジアの民のビジネスのやり方だ。しかしそのためにはソニーも万難を排してＴＳＭＣに発注を集中してほしい」

私はモリスに対し、こう答えました。

「そうしたいが、ソニーにはあなた以上に大事なパートナーがいる。それは東芝だ。彼らはソニーのために工場まで引き取ってくれた。ここに発注するのだけは止められないだろう」

モリスはよく理解してくれました。

「それはそれで良い。それなら今日から両社はパートナーだ」

そう言い残して帰って行ったのです。

その後、私が兼務で担当した業務用放送機器の事業で問題が生じたとき、モリスは本当にソニーを助けてくれました。

業界は違いますが携帯電話メーカーともお互い信頼できるパートナーとなれるかどうかが重要だったと思います。

業界標準になる

さてスマホや携帯電話メーカーとの交渉の話です。

日本メーカーとはスマホよりは携帯電話、いわゆるガラケーでの商談がもっぱらでした。ガラケーにCCDイメージセンサーを内蔵させて静止画を撮影する機能を売りにしたメーカーもいたように記憶しています。しかし次第に高画質での動画撮影が求められるようになり、裏面照射型CMOSイメージセンサーへのニーズが生まれてきていました。

嬉しかったのは高校の友人であった岡本光正が、東芝の携帯電話を管轄するモバイルコミュニケーション社の社長として、厚木に押しかけてきてくれたことでした。

「部下が揃って『ソニー製のセンサーの性能が良いので使いたい』と言っている」

価格交渉もあっての来訪でしたが、性能を評価してもらえたことを私は何より喜びました。すでに他社はソニー製品を採用してくれていましたので、東芝がソニー製に変更してくれたことで、「日本は全社制覇だ」とガッツポーズをしたことを覚えています。日本メーカーはセンサーだけでなく、モジュールにして買ってくれるので、付加価値をつけて売ることができました。数は少なくても、高い収益率のお客様というわけです。

このころ、韓国のスマホメーカーもグループ内でＣＭＯＳイメージセンサーを内製し始めていました。ソニーにとっては、技術で追いつかれたときに突然注文が来なくなるリスクが出てきたのです。のちに定年退職した技術開発部長がいつの間にか韓国の会社にスカウトされた事実もあります。

私は半導体事業部長の上田にお願いしました。

「いつか追いつかれて、発注を突然ストップされたときのリスクをよく考えて交渉してほしい」

「大丈夫でしょう。韓国メーカーは半導体部門と携帯電話部門がライバル関係にあります。携帯電話部門とは信頼関係を築けています」

こう上田は判断し、その後も携帯電話メーカーへ頻繁に商談に出かけて行きました。上田の努力は実を結び、韓国メーカーもこぞって上位機種にソニーの裏面照射型ＣＭＯＳイメージセンサーを採用しました。すると、性能で負けたくない中国メーカーたちも続々とソニーセンサーを買い求めに来ました。

気がつけば、ソニーの裏面照射型ＣＭＯＳイメージセンサーがスマホ業界の標準になっていたのです。

「自撮り」がブームに

さらに順風が吹きました。

従来のイメージセンサーは、携帯電話の裏側についている主要カメラにのみ採用されていました。ところがスマホのユーザーはだんだん表側（画面側）のカメラで自分自身を撮るようになったのです。

自撮りという新しいトレンドは一気にブームとなり、携帯電話メーカーは表側のカメラ性能も軽視できなくなってきました。当初は30万画素程度だったものが１２０万画素、５００万画素、７００万画素とスペックを上げていきました。

そうなってくると、各社が表裏両面でソニーの裏面照射型ＣＭＯＳイメージセンサーをつぎつぎと採用するようになったのです。

裏面照射型ＣＭＯＳイメージセンサーの市場が爆発した瞬間です。２０１１年に携帯電話向けセンサーで11％だったソニーのシェアはぐんぐん上昇していき、現在では50％で世界ナンバーワンの地位にあります。

２０１９年度に、半導体部門の売上高は初めて１兆円を突破しました。そのうち９割近くをイメージセンサーが占めています。今や、半導体事業は全社利益の４分の１を生み出す稼ぎ頭です。

最近では複眼といって、主要カメラには複数のセンサーが取り付けられ、コントラストや望遠などの性能向上を図るようになっています。上位機種では４眼もめずらしくありません。

第6章
前代未聞のお引っ越し

今、まさに世界は新型コロナウイルス感染拡大による景気後退を目の当たりにしています。2008年に米リーマン・ブラザーズの破綻をきっかけとしたリーマンショック時の経験と重ね合わせる方も多いのではないでしょうか。

あのとき、どの会社もリーマンショックの影響を受けることとなりましたが、われわれはちょっと特殊な状況にいたのです。

2008年当時、半導体部門は投資の厳選、投資効率という課題に直面していました。6月に発表した裏面照射型CMOSイメージセンサーの評判は上々で、需要が高まると見られていました。差異化技術が欲しいソニー社内のセット部門や、他カメラメーカーのみならず、携帯電話にも搭載が期待されます。

このとき、ソニーは直径200㎜のシリコンウエハーで開発・生産していました。それまでの需要先は市場規模が小さいカムコーダー向けが主だったので、200㎜ベースでもべつに問題はなかったのです。

ただ、すでにDRAMや最先端のLSIでは300㎜のウエハーで生産される時代が来ていました。

200㎜と300㎜のシリコンウエハーサイズの違いは、コスト面で甚大です。ウエハー上に作製できる半導体チップの数はサイズの約2乗で多くなります（実際は周辺効率もありそれ以上です)。しかしそのコストは2乗までは増えない。つまりコストがべらぼうに違ってくるのです。

早晩、CMOSイメージセンサーも300㎜の時代が来ることはわかっていました。では、裏面照射型CMOSイメージセンサーは200㎜で作るべきか、300㎜で作るべきか。今さら200㎜の投資をしても、1~2年後には無駄になるのではないか。正確に言うと投資回収ができるのか。一方で、立ち上げ当初は開発リスクも伴います。

こんな議論をしていた中で、リーマンショックが起きます。

急速な円高の進行、日本の株価も半分近くに下落し、世界中で景気の後退、金融の混乱が起こっていました。ソニー全体も2ケタ台の円高の影響が特に大きく響き、赤字に転落します。経費削減、固定費削減に加え、ハワード・ストリンガーは25%の投資の削減を発表します。社内の投資環境は一気に厳しくなりました。

300㎜化実現の仰天アイデア

私はこの年の6月に半導体事業本部長になったばかりでしたが、本部長直轄の経営会議を定期的に開催しており、そこでも300㎜の開発は当然、議論しました。

ウエハーサイズを変更するとなれば、厚木で基本開発を行い、そこからイメージセンサー主力工場であるソニーセミコンダクタ九州（ＳＣＫ）・熊本事業所に持っていくのが標準のプロセスです。ただし2〜3年はかかります。

半導体の素人本部長である私は、

「熊本の３００㎜量産ラインに裏面照射型ＣＭＯＳイメージセンサー特有の専用設備を３００㎜の製造設備に置き換えてすぐ生産、というわけにいかないの？　３００㎜の製造設備なんかどうせ厚木にはないんだからさあ」

こんなふうに簡単に考えていました。

「斎藤本部長、考えてもみて下さい。東芝さんだって川崎に開発研究所があるじゃないですか。そこで開発してから工場展開。どこの会社も同じ仕組みになっています。３００㎜の設備は２００㎜の設備を転用するわけではなく、新規の開発です。わからないことがたくさんある。開発部門でしっかり検討しないと無理です」

経営会議メンバーからは諭すように説明されました。

「カムコーダーや高級小型カメラ向けに２００㎜投資をし、多少は価格が高くても買っていただくしかないいか」

半分諦めつつ、それでも何か良い方策はないものかと皆、天を仰ぎました。

「これから正月休みだ。経営会議メンバーは休みの間も寝ずに考えてきてくれ」

私は仕方なく、会議をお開きにすることとしました。

すると正月明けに、この難問に解決案を提示してきた幹部が現れたのです。研究開発部門を担当する岡本裕です。彼は半導体プロセスを開発する研究部門担当で、クールで頭の良い秀才です。前事業本部長の中川裕に言われて、イメージセンサーへの思い切った人材シフトを行ったことは前に述べました。

岡本が持ち込んだ案は秀逸に思えました。

「自分の部下である研究開発部門の技術者たちを熊本に異動させて、プロセス開発とラインの立ち上げを一気に行うしかない」

たしかにこれなら投資効率も格段に良くなるし、300㎜で大量に生産できます。裏面照射型の発表で先を越されたオムニビジョンを、今度はコストで出し抜くのも可能に思えました。半導体素人の私は「これならうまくいく」と嬉しくなったのですが、残りのメンバーはこの非常識なチャレンジにただただあきれる始末です。

「理論上は投資を削減できるし、コストも下がってスピードも加速される。しかし可能かと言われるとわからない。失敗は許されない」

「供給責任もあるし、信頼が失墜することだけは避けなければならない」

「リーマンショックを技術と知恵と皆の努力で乗り切るのだと言われても、果たしてそんなことが可能なのか」

心配する声が噴出しました。でも岡本は後に引きませんでした。

「彼らならやってくれます。やるしかないでしょう」

最終的には、担当部署の責任者がそこまで主張するのなら岡本を信じよう、ということになりました。2009年1月、200㎜の投資は最小限に抑え、300㎜に賭けることと決まったのです。


いざ熊本へ！


熊本への異動大作戦。命令された部下たちはたまったものではありません。

事業所でのプロセス開発と量産ラインの同時立ち上げという前代未聞の実務も初体験ですが、まずは慣れない土地での生活を立ち上げなければならない。家探しに車の手配……、工場は熊本県菊陽町にあり、そんなに多くの単身者向けアパートもありません。

さらに死活問題となるのが車の問題です。地方では車がないと生活に困ります。メンバーの多くは厚木に自宅があり、事業所には長年バスで通勤していたので、車を持っていない者も多い。車の免許さえ持っていない者もいて、昼間の困難な開発業務をこなしつつ、夜は教習所通いと大変な日々が続きました。

これが数人なら熊本工場もなんとかサポートできますが、研究開発部門一族郎党ほぼ全員、約１７０人がやってくるのです。岡本は熊本工場に通勤用のバスを手配するようにお願いしたりしましたが、われわれのできるサポートはその程度しかありません。

しかも彼らは出向扱いとはいえ、厚木には帰るべき組織がもう存在しないため〝片道切符〟での熊本異動です。開発陣の地方勤務も、ソニー半導体始まって以来です。私は内心、メンバーのモチベーション維持が心配でした。

一方で業務のほうは、製造プロセスの開発部隊と工場ラインを立ち上げる現場エンジニアとの共同作業でてんやわんやです。しかも３００㎜の設備は高価ですから減価償却費もかさみます。もたもたしていて設備を遊ばせていては、大きな赤字を出すことになってしまいます。

公私ともに困難が待ち受けていた部隊の先頭には門村新吾が立ちました。門村は裏面照射型ＣＭＯＳイメージセンサーの開発を基本技術開発で支えた、最先端のＣＭＯＳ Ｌｏｇｉｃ開発のエリート研究者です。門村が率いる開発集団は高い志を持っていました。

「自分たちの力でＣＭＯＳイメージセンサーを世界ナンバーワンにしてみせる」

この高い志の前には、私の心配なぞは杞憂だったようです。

熊本にはＣＣＤのエンジニアがたくさんいます。これに最高のＣＭＯＳ Ｌｏｇｉｃの開発者が合流し、300㎜でのプロセス開発を行いました。

実は最先端CMOS技術をそのまま裏面照射型CMOSイメージセンサーの工程に使うと、シリコンへのダメージやメタル汚染でフォトダイオードの画質が劣化してしまうという問題がありました。劣化を抑制するためには、熊本事業所にいるCCDイメージセンサーのエンジニアたちが持つダメージや汚染抑制技術を、先端工程や製造設備に持ち込む必要がありました。その意味でも互いのチームの協力なしでは、この難業が乗り越えられないことが理解されていました。双方の融合はスムーズだったと聞いています。

しかも現場に行ったこの門村部隊は、単に200㎜のウエハーを300㎜化しただけでなく、コストダウンを図るため、ウエハー貼り合わせの方法やバックグラインドの精度を上げる方法も見直していました。この努力がスマホ向けの裏面照射型CMOSイメージセンサーのコスト実力に大いに貢献したのです。

泥臭い生産現場で、工程の開発と生産ラインの立ち上げを一気に進めた門村の功績は特筆に価すると私は考えています。彼らの努力のお陰で、ソニーはオムニビジョンら裏面照射型CMOSイメージセンサーのライバルたちを2周以上離すことができたし、今日のCMOSイメージセンサーの地位もあるのです。今でも頭の下がる思いです。

当時の門村は、半導体生産子会社ソニーセミコンダクタ九州の役員でした。本人はいつか厚木でソニーの役員にしてもらいたかったかもしれません。その資格はじゅうぶんあると思うのですが、会社が変わると前の会社の役員にはなれないのが通例なのでしょうか。ソニー役員の中に彼の名前が入ることはありませんでした。

積層型CMOSセンサーの誕生

熊本が大車輪で動いているころ、上田康弘率いる厚木の半導体事業部のほうは、商品開発競争で一気に他社を引き離すべく次のフェーズへと推し進んでいました。

従来の裏面照射型CMOSイメージセンサーを画素領域と回路領域に分け、その回路領域を、裏面を削り込むために貼り合わせていた支持基板のシリコンウエハーに作り込んだらどうかというアイデアを、開発部隊とともに温めていたのです。

具体的には、従来のイメージセンサーの画素領域を形成したウエハーを1枚、カメラ機能などの電子回路領域を形成したウエハーを1枚、それぞれ用意して貼り合わせる。いわば、1階建てだったシリコンウエハーを2階建てにする「積層型」のCMOSイメージセンサーです。単なる支持基板として使っていたシリコンウエハーを活用する発想です。

電子回路部を分離することでサイズを小さくでき、回路部分の生産を他社に委託生産することも可能になります。これはコストダウンの効果以上に、回路部分の生産をアセットライトできるという戦略的なメリットがありました。ライバルのCMOSイメージセンサーメーカーや、韓国サムスン電子のようなメモリー企業たちと設備投資で正面から競う必要がなくなります。

積層型プロジェクトをリードしたのは、イメージセンサー事業部副事業部長の福島範之です。彼はもともとアナログ事業部のアナログ設計エンジニアで、CMOSイメージセンサーのA／Dコンバーターを開発するために異動してきました。

福島はソニーのCMOSイメージセンサーの2大重要技術の1つである「カラムA／D変換回路」を発明し、高速読み出しと低ノイズ化を実現した人物でもあります。カラムA／D変換回路とはソニーが2007年に開発した技術で、A／D変換器を画素の垂直列ごとに並行配列した独自のカラム変換技術を採用しています。

垂直信号線に読み出されたアナログ信号を最短で各列A／D変換器に直接伝送することが可能で、アナログ伝送中に混入するノイズによる画質の劣化を抑えると同時に、高速での信号読み出しが可能というものです。

上田や福島は、平山とともに、積層型CMOSイメージセンサーのメリットを素人の私に上手に説明して承認をもらわなければいけなかったようです。上司は怖いものらしく、上田はびくびくもので説明に行ったと述懐しています。

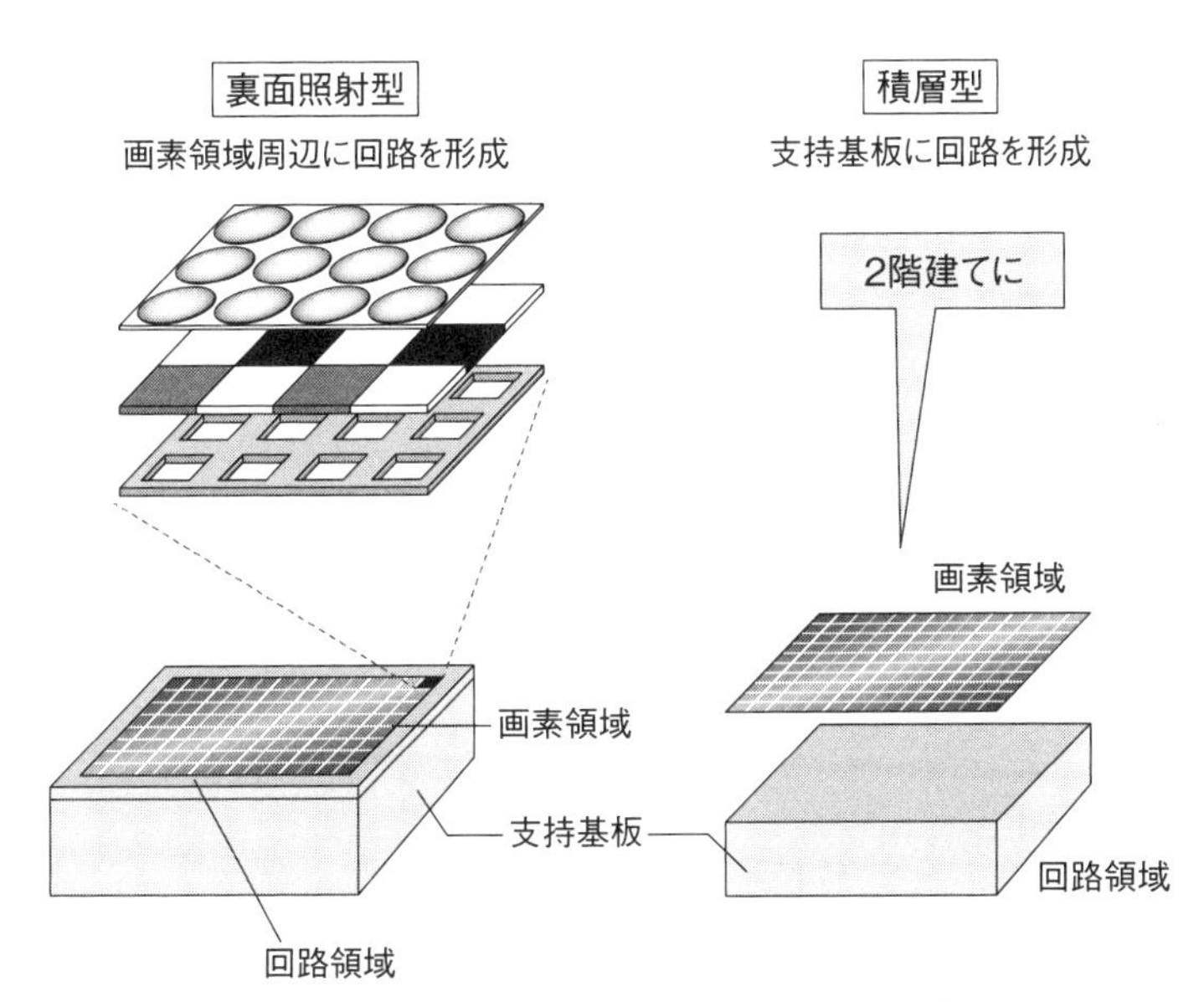

積層型CMOSイメージセンサーのアイデア

「今まで無駄にしていた支持基板のウエハーを有効利用できる画期的な技術です」

福島が私にこう説明したので、

「でも、画素領域と同じ規模（大きさ）の信号処理回路をうまく探せるのか。シリコンに空き地ができるのではないか」

こう質問しました。べつに聞きたいことを聞いているだけなのですが、聞かれている側はここで説明に失敗してプロジェクトの承認をもらえなかったらどうしようと考えてしまうようです。

「空き地ですか？　いやいやセンサーに内蔵させたい電子回路はたく

さんあります。カメラ本体で別チップになっているＬＳＩの信号処理回路もこの積層型ＣＭＯＳイメージセンサーに取り込みます。大丈夫です」

そんなやり取りを福島と繰り返したものです。

福島はＣＭＯＳイメージセンサーの差異化技術で貢献のあった人物ですが、その後、サムスン電子に再就職してしまいました。福島が定年を迎えた２０１３年、運悪くソニーは業績不振でリストラによる人員整理をしていました。当時本部長だった鈴木は特別待遇をすることに躊躇したのか、福島はそのまま何の処遇もなく退職となりました。その取り扱いに不満を持ったのかもしれません。

これには当時社長だった平井一夫や人事担当執行役の藤田州孝も大いに驚きました。

「二度とこのようなことにならないよう対策するように」

鈴木や半導体部門の人事担当をこう責めたのを覚えています。

福島はサムスン電子では専務待遇の研究所長で、部屋付き、車付き、通訳兼秘書付きの厚遇だったそうです。日本の人材流出の典型であり、こういう残念なことになる背景には、ソニー側の配慮に何か問題があったのではないかと反省したわけです。

ライバル部署との協力

積層型ＣＭＯＳイメージセンサーの商品化には、ソニーのセット事業部門の協力を得ることができ、門外不出である画質向上回路などもシリコン上に埋め込んでいきました。さらには「メモリーもここに形成してはどうか」など、矢継ぎ早に出てくるアイデアがどんどん具現化されていきました。

積層側のＬＳＩ（回路領域）の商品設計に関しては、システムＬＳＩ事業部にいるＬＳＩのエンジニアの知恵が必要になってきます。ただ、イメージセンサーとＬＳＩではエンジニアのカルチャーも違えば、そもそも事業部が違います。敵同士とまでは言いませんが、ライバル心をもった競争相手といった側面があります。

しかも、システムＬＳＩ側も最先端のＣＰＵであるＣｅｌｌプロセッサや、グラフィックス半導体・ＲＳＸを先端プロセスで（当時は45ナノでした）開発していたのです。微細化ではセンサーより先を行っている、こちらも世界初の製品にプライドを持ったエンジニアたちです。

システムＬＳＩ事業部はプレイステーション用半導体では基本開発がすでに終了し、微細化の世代対応の開発が数年に1回ある程度になっていました。余裕があるだろうといっても、他事業部へ人材をシフトするとなると話は複雑です。カルチャーも異なりますし、誰が上司になるかということも問題になってきます。

サラリーマンの世界にも国盗り物語のようなものがあり、部下だけを異動させると、管理職の反発を食らってしまいます。自分の領地を奪われたような気持ちになるのです。部下がいなくなれば管理職の座も不要になります。出世うんぬんもさることながら、部長と部長でないのでは給料だって変わってくる。死活問題です。ここではイメージセンサーの事業部長の上田康弘が折れて、システムＬＳＩ事業部から部長ごと部隊全員を受け入れました。

このころには飛ぶ鳥を落とす勢いとなっていたイメージセンサー事業部としては、新しい部ができるのなら自分たちの息のかかったメンバーを部長にしたいのが本音でしょう。実務面でもいわゆるツーカーコミュニケーションで運営できる人材を据えることで、指示命令系統を固めたいところです。

さらに言えば、１つの積層型ＣＭＯＳイメージセンサーという製品の中で、積層側のＬＳＩを異質の部隊にすべて任せるというのは勇気のいることであったに違いありません。しかし結果が出ればすべてがうまく回る。画期的な製品を共同で世に出すことができれば、ライバル同士であっても自然に一体感は生まれてくるものです。事業部長の上田は、のちにソニー役員に任命され、人事担当役員の面談を受けることになります。

「あなたは何系の人ですか」

こう質問されると、

「私は体育会系です」

と上田が回答したという逸話が残っています。

人事担当役員としては、半導体という最先端の技術を扱う部門のトップはどういう学問をしてきたのか聞きたかっただけなのですが、上田としては人と人との関係を重視して集団を方向付ける体育会系だと自負していたのでしょうか。このような答えになってしまったのがなんとも彼らしいのです。

第7章 自由闊達にして愉快なる事業本部

私が半導体事業本部長になる前後のことについて、もう少しお話ししたいと思います。

2008年春のことでした。中国・上海で世界中に散らばっているソニーの半導体営業部隊を集めて、主要事業部長とともに営業会議を開いたときと記憶しています。

「この後に中鉢良治社長から電話がかかってくる。打ち上げの宴会には行かず、少し待っているように」

上司から指示を受けました。何の御用かとしばらく待機していると、

「今度の人事で君を本部長にするから、今まで以上にしっかりがんばって下さい」

こう中鉢から告げられたのでした。

どうやらコンポーネント事業を担当する副社長の中川裕が、生産・資材・サプライチェーンなどの全社横断的な本社機能も担当することになり、専任の本部長を置くことになったようでした。

2007年11月から私は、中川が担当するコンポーネントグループ全体の企画部門長にも兼任で任命されていました。中川としてはコンポーネント全体の改革を加速したいと考えていたのと、問題だらけだった半導体事業本部も進むべき方向が見えてきたので、そろそろ次の人事を考えてもいたようでした。

後任の本部長は技術者でLSI担当副本部長の鶴田雅明か、イメージセンサー担当副本

部長の鈴木智行を指名したいと思っていたようです。

「鶴田と鈴木、どちらを勧める？」

私にそう聞くので、

「鈴木智行でしょう」

と答えると、

「それではイメージセンサーの事業本部になってしまうよ」

そう中川に言われました。

「アセットライトでイメージセンサーに集中したからいいんです」

私は答えましたが、あまり納得されていなかったのを覚えています。

こんなやりとりをしたくらいですから、まさか自分が選ばれるとは思ってもいませんでした。

当時は、イメージセンサーの売り上げはまだ事業本部全体の4分の1程度でした。

長崎工場を東芝へ売却後もアセットライト戦略を推し進めることや、ゲーム向け半導体のコストダウンのために90ナノのデザインルールで作られているチップを65ナノへ移行し、その先の45ナノに展開するためにファウンドリーメーカーと協力しながら供給していく必要がありました。

イメージセンサー一筋の鈴木に、イメージセンサー以外の4分の3を任せて大丈夫かと、中川は考えたのかもしれません。期待をしていた鈴木はがっかりしたようすがうかがわれました。2005年秋に起きたCCDイメージセンサーのワイヤーボンディング品質問題が、いまだに尾を引いていたのかもしれません。

半導体を知らない本部長

私は東京工業大学経営工学科を卒業し、1976年にソニーに入社しました。たしかに工業大学で理科系大学に属しますが、電子工学や機械工学といった、いわゆる理科系のエンジニアではありません。半導体に関しては素人と言わざるを得ないのです。理数系が強かったのは高校時代までで、大学で学んだ経営工学は、経営をもっと科学的に行おうという学問です。

就職活動当時はオイルショックのまっただ中でした。ソニーは文系の採用をトップマネジメントが渋ったために、人事部は仕方なく経営工学出身者を5人採用して文科系扱いとしたのです。たしかに私も面接でこうアピールした記憶があります。

「東工大で経済の教鞭を執られていた矢島鈞次教授の『テクノミスト宣言』という本に感銘を受けた。このような仕事に将来就きたい」

すると入社後いきなり総合企画室に配属になったのです。テクノミストというのは理数系の数理工学や管理工学といったテクノロジーを持った工学系の人材と、経済を理解したエコノミストの両方を兼ね備えた人を指しています。テクノミストがこれからの企業経営には重要だというような話だったと記憶しています。

当時の総合企画室長だった岩城賢は、会長の盛田昭夫にこう主張していました。

「ソニーが今後も成長するには、グローバルな企画戦略部隊の充実と、グローバルな会社に発展できる組織機構を本社の中に作るべきだ」

そして『足で考えるグループ　総合企画室』を作ったのです。

このころのソニーは、まだ中小企業から発展したベンチャーの気風を色濃く残していました。若い人の意見をどんどん取り入れようという社風で、社員はやりたい仕事があれば割と希望を叶えてくれる、そんな会社でした。

新入社員時代、社長の岩間和夫から、

「大賀副社長はポケットラジオのビジネスから撤退すべきだと主張している。ポケットラジオはもはや安物のイメージでソニー全体のイメージを毀損してしまう存在だと言うんだ。どうすべきか検討してほしい」

という検討依頼を受けて、岩城と一緒に直接報告に行った覚えがあります。これには盛田会長の強い思いもありました。

「コンサルタントに頼っていてはダメだ。へたくそでも社内で戦略検討を行い、自分たちで戦略を立てられるようにならなくてはいけない」

ソニーは社員を長い目で育てていたように思います。

たとえば、検討結果をトップへ報告に行くものの、彼らのほうが世界を飛び回っているから視野が広い。

「そうかわかった。ご苦労様」

そう言われて帰ってきてみれば、会社の結論はまったく逆。そんなことがよくありました。しかしわれわれも、御下命がなくても自分の視点で彼らの議論や決定を分析し、独自の見解を持つ訓練をしていったものです。

石垣のような組織づくり

「ベータ対ＶＨＳ戦争」といわれた家庭用ビデオの規格争いでは、ソニー社内でもＶＨＳ導入意見が営業から強く出されていました。こうした中で１９８３年には、８㎜ビデオ開発者の森尾稔の下で「ＴＳ（Total Strategy）企画室」が設けられました。

「ベータマックスかＶＨＳか８㎜ビデオか。もし８㎜ビデオを出すとしたらどういうコンセプトを狙うか」

こうした実践的な議論に私も参加したことがあります。

それ以降、私はドイツ販売会社や本社のM＆A（合併・買収）部門、ディスプレイカンパニー本社バイス・プレジデント、エレクトロニクス部門のCFO（最高財務責任者）、アメリカのエレクトロニクス部門CFO、本社事業戦略担当など、企画戦略部門の経験を長く積んできました。事業部の運営を任されるのは初めてで、しかも半導体については素人です。

「半導体の動作原理も知らない本部長が出現した」

1年先輩の久夛良木健は、私の本部長就任を笑っていました。

ある先輩の役員は、半導体のプロでもないのにわざわざ教えに来てくれました。

「半導体にはD値（欠陥密度）というのがあって、これで歩留まりが決まる。この値をよく見るといいよ」

周囲の心配をよそに、私は「大事なのはそんなことではない」と思っていました。半導体事業本部にはその領域の専門家はいくらでもいる。その1人ひとりが十二分にその能力を発揮する強いマネジメントチームを作るのが仕事だと考えていました。

今までは剛腕中川のいわばワンマン経営集団です。私は盛田が語っていたような「昔の石垣のような組織づくり」を目指しました。

盛田の教えはこうです。

「昔の石垣は石の大きさも不揃いで形もまちまちだ。しかしこれをうまく組み合わせれば頑丈な石垣ができ、小さい石も小さいなりに大きい石がずれるのを支え合っている。同じ大きさに綺麗に切り揃えられた大きくて強い石だけでは頑丈な石垣はできない」

私は信頼のおける、かつ持ち味の違う経営メンバーによる合議制を敷くことにしました。さらに、幹部社員の抜擢であろうと予算の承認であろうと、重要戦略の決定についてはすべて皆で納得するまで議論することにしました。1人1票の平等な投票権ですべてを決めるのです。

キャッシュフロー経営の徹底

私は、センサーの専門家である鈴木智行、LSIの専門家である鶴田雅明、プロセス開発の専門家である岡本裕、研究開発の専門家である代田典久、工場ではソニーセミコンダクタ九州（SCK）の種茂慎一社長を経営会議メンバーに据えました。

彼ら5人が半導体の将来を、ひいてはソニーエレクトロニクスの将来を決めてしまうという自覚を持つことで、1人ひとりが経営者の視点を持って臨む、新しい本部体制を船出させたのです。

アセットライトへの方針転換は、キャッシュフローへの効果が甚大でした。まずゲーム向け関連の投資が２００４年に１０００億円程度あったものが、２ケタ台へと10分の１以下に減少しました。先端プロセスラインの研究開発と投資をすべてやめ、生産は生産委託を基本としたからです。

売却キャッシュも入ってきました。借金だらけだったＳＣＫでしたが、２００９年ごろには借金のほとんどが完済できるめどが立ちました。プレイステーション３も思った以上に善戦し、ゲーム向けの売上高は再び順調に拡大し始め、半導体事業本部の６割近くに達していました。

プレステ３に搭載するメインチップのデザインルールも90ナノから65ナノへと微細化が進み、２００７年ごろから出荷が始まり２００９年には45ナノの時代になろうとしていました。そうするとコストダウンが進み、利益も出るようになっていました。こういうふうに事業が好転しているときはメンバーの士気も高まり、新米本部長としては運営しやすい環境だったといえます。

一方でＣＭＯＳイメージセンサーは上田たちによる市場開拓の成果も出始めていましたので、増産投資を考えないといけない時期に来ていました。

「アセットライトを推進していく中で、イメージセンサーをすべて自社生産するのはリスクがある。いかがなものか」

私は鈴木や上田にこう投げかけました。この問題は経営会議メンバーともしつこく議論を重ねました。

イメージセンサーを担当している者たちは大反対です。

「CCDイメージセンサー以来のノウハウが流出し、ひいては他社に画質で追いつかれることになりかねない」

それでも私は彼らにしつこく質問を重ねました。

「どこの工程の、どこが極秘工程なんだ」

するとほとんどがウエハーを処理する後半の工程であることがわかりました。それなら前半の工程なら外に出せるとなり、LSIをソニーから受託生産していたメーカーに委託することで話がまとまったのです。

半導体は固定費商売です。生産ラインの稼働率が落ちたらたちまち収益が悪化します。一方でこれから狙っていくCMOSイメージセンサー市場は、特に携帯電話向けで数量シェアが2010年でまだ11%と低かった。今後開発する裏面照射型CMOSイメージセンサーで攻めていくものの、顧客のコスト意識が強いために2社購買、3社購買が常識でした。

「コスト競争が厳しい市場を、従来の感覚のままでセーフティーネットなしで攻めていくのはいかがなものか」

こんなふうに皆を説得して回ったのです。新体制では上司命令での無理やりの行動は慎んだつもりです。

Cash is fact

振り返ってみれば2005年に半導体事業本部へ副本部長として異動してきたときも、まず取り掛かったのがキャッシュフローマネジメントでした。

私の尊敬する元ソニーCFOの伊庭保は、日本企業で初めてCFOという称号を付けた草分け的な人物ですが、彼の座右の銘は「Profit is opinion. Cash is fact.（利益は意見、現金は事実）」でした。

簡単に解説すると、黒字倒産という事例すらあるように、企業にとって黒字か赤字かは物事の一面でしかない。金が回っているかが重要、ということです。

中小企業の経営者なら誰しも身に染みている言葉でしょうが、大企業の事業部門にいると、P／L（損益計算書）の内容ばかり報告させられますから、つい損益ばかりに目が行きがちです。結果、資金繰りは財務部におまかせ……となりがちなのです。

特に半導体事業本部は、前任の久夛良木健時代からのキャッシュリッチなマネジメントを踏襲していました。

ゲームビジネスはソフトメーカーから支払われてくるライセンス料が膨大で、余裕資金が潤沢です。久夛良木はその豊富な余裕資金を活用しコストダウンを図るという手法を半導体事業本部にも持ち込んでいました。現金払いで部品や設備を購入する代わりに値引き交渉を行う事業手法が常態化していました。

一方で、半導体生産子会社であるソニーセミコンダクタ九州などは、本社借り入れが1000億円を超えていました。生産子会社が巨額の借り入れを、同じソニーとはいえ、本社からしているというのは異常でした。

巨額投資を行う売上高5000億円規模の半導体事業が、あべこべなキャッシュオペレーションを行っていてはたまったものではありません。

私は工場を含めてキャッシュフローマネジメントの啓蒙活動を開始し、部品購入のルールを早急に見直しました。設備購入の際の現金支払いを禁止したり、在庫削減の運動を始めたりもしました。

SCKの支払いは現金から手形に替え、ソニーからの支払いは支払期日を早めるという手法を取り入れました。生産子会社を健全にして事業部全体のバランスを取ったつもりです。

組織づくりやキャッシュフロー管理は、決して目立つ業務ではありません。ただ、どんな会社でも、成功の裏側では守りがしっかりしていないといけないのではないでしょうか。

理想工場を目指して

これまでもこの厚木の半導体グループにソニーの創業精神が残っているのを感じたようなことを書いてきました。井深大の書いた設立趣意書ではよく「真面目なる技術者の技能を最高度に発揮せしむべき自由闊達（原文では「豁達」）にして愉快なる理想工場の建設」という一節が引用されます。もちろんこの精神は大事なのですが、実は、この精神に至った理由が「序文」に書かれています。

私は（部下は信用しないかもしれませんが）この序文を特に大事にしていました。少し長くなりますが引用します。

「戦時中、総ての悪条件の基にこれ等の人達が孜々（しし）として使命達成に努め大いなる意義と興味を有する技術的主題に対して驚くべき情熱と能力を発揮する事を実地に経験し又何がこれらの真剣なる気持ちを鈍らすものであるかという事を審（つまびらか）に知ることが出来た。それでこれ等の人達が真に人格的に結合し堅き協同精神を以って思う存分技術能力を発揮できる様な状態に置く事ができたら例え其の人員は僅かで其の施設は乏しくとも其の運営は如何に楽しきものであり其の成果は如何に大であるかを考え、この理想を実現できる構想を種々心の内に書いてきた」

創業者のいう自由闊達にして愉快なる理想工場とは、このような意味で戦争中に皆のやる気を鈍らせたものを排除し、皆の潜在能力を十二分に発揮できるような組織運営をソニー誕生時から目指していたのです。

利益管理や目標管理で肝心の社員のやる気が削がれては何の意味もありません。会社は生活する糧である給料を得るために行くもので上司の命令にただ従って自分は何も考えなくてもよいと考える人はいると思います。しかしソニーで働く人たちは〝人間は考える葦〟であり、自ら作戦を立て、その作戦を実行に移し成果を見ることに至上の喜びを感じる人が多い。また、自分で立てた作戦遂行のためなら寝食を忘れて働くという人が多くいます。

私はこの気質を、本部を預かる責任者として大事にしていきたいと考えていました。それは開発であろうと事業部であろうと工場であろうと同じです。

現場の工場であるＳＣＫの社長となった種茂慎一も同じ考えだったようで、社員と設備メーカーとの協力であらゆる改善のネタを掘り出す「埋蔵金発掘プロジェクト」で大いに成果を挙げてくれました。

改善活動はどこの工場でも取り組んでいるかもしれませんが、埋蔵金発掘プロジェクトでは出入りの設備メーカー、協力メーカーの力とやる気も利用しました。彼らの設備や全体のプロセスでのVA（バリューアナリシス、価値分析。必要な機能を分析し無駄な機能を省きコストダウンを図るもの）を行うというものです。協力してくれたメーカーに成果を一部還元してもなお巨額のコストダウンを生み出しました。

余談ながら埋蔵金発掘プロジェクトでは、本当の金塊を発掘してしまうこともありました。半導体工場では例のワイヤーボンディングで金糸を使いますが、そこで出る金糸の切れ端のようなものを捨てるのはもったいないので貯めてあったらしいのです。これが経理上は簿外資産になると処理に困り、代々、金庫に埋蔵していたというのです。数億円になったと記憶しています。

第8章

ソニーは「ダメソニー」になったのか？

ＣＭＯＳイメージセンサーが成功し、業績も好調、皆が元気になってくると、人の評価も変わってくるのが常です。

私の場合もそうでした。２０１０年2月のある日、ソニーＣＥＯのハワード・ストリンガーから1対１のディナーに誘われました。

行ったこともないような広くて豪華な部屋を貸し切ってのディナー。会社のＣＥＯはこんなところでディナーをするのかと驚きましたが、どうも彼としても破格の待遇だったようで、裏にある魂胆が隠れていました。

「Ｂ２Ｂソリューション事業本部の本部長を兼務で引き受けてくれ」

こう切り出されました。

3足のわらじ

長年にわたってソニーでは、放送局向けビジネスが儲け頭でした。Ｂ２Ｂ（Business to Business）ソリューション事業本部はその管轄部署です。しかし当時は業績が悪化し、２００９年度の売り上げは５０４２億円、72億円の営業赤字に転落していました。再建は喫緊の課題でした。

ただ、私が担当する半導体事業本部も、工場含めて1万数千人の従業員を抱えています。

事業本部の売上高も約５８００億円あるのです。業績は上向きとはいえ、とても目を離せる状況ではありませんでした。

ソニーグループのマネジメント体制は、その前年からハワードが指名した「四銃士」と呼ばれる４人の執行役員たちによってリードされるようになっていました。その中で私は、副社長の吉岡浩が率いるＣＰＤＧ（コンスーマープロダクツ＆デバイスグループ）に属していてそこのデピュティプレジデント（副グループ長）も拝命していました。

対するＮＰＳＧ（ネットワークプロダクツ＆サービスグループ）は副社長の平井一夫が率いており、吉岡と平井の２人を社長候補として競わせる体制になっていたのです。

ソニーの業績は２００８年度以降、最終赤字が続いていました。社内ではリストラや構造改革が繰り返され、経営陣に対する風当たりは強いままでした。

私が指名されたＢ２Ｂソリューション事業本部（すぐ後にプロフェッショナル・ソリューション事業本部と改名される）は、吉岡や平井の管轄ではなく、しかも史上初の部門赤字転落という状態です。

半導体事業本部長、ＣＰＤＧデピュティプレジデントに加え、Ｂ２Ｂソリューション事業本部長という３足目のわらじをはくことになるわけです。赤字解消に向けてはなんとか手段を考えるとしても、放送業界向けビジネスでは世界の放送局の技術トップ役員とトップ交渉をしなければなりません。技術系の優秀な副本部長が必須です。そこで私はハワードに、引き受けるための条件を出しました。

「（平井が管轄する）ＮＰＳＧ副本部長の根本章二を異動させてほしい」

当時、カムコーダー出身の根本章二、石塚茂樹、勝本徹、手代木英彦の４人はソニー社内で「ビデオエンジニア四天王」と呼ばれていました。その中でも年長者の根本は、ＮＰＳＧの技術担当に就任したばかりでした。

ハワードは根本異動の条件をのんでくれましたが、その後を見ていると、どうも雲行きが怪しい。吉岡に念を押しに行ったのですが、彼は平井とライバル関係にあるため動きづらいようでした。

私はゲームビジネスで平井とは親交がありました。直接、平井の元に頼みに行くと、ディナーを１回ごちそうすることで納得してもらいました。日本流に言うと貸し１個だよというところでしょうか。

平井の独演会

平井が指定してきたのは、代官山にあるリストランテＡＳＯでした。

ソニー・コンピュータエンタテインメント（ＳＣＥ）が成功した要因の１つに、ソニーとソニー・ミュージックエンタテインメント（ＳＭＥ）との合弁会社であることがよく挙げられます。ソフト事業を知り尽くしたＳＭＥ元社長の丸山茂雄、取締役の佐藤明、そして平井がＳＣＥの発展に貢献したことはよく知られる話です。

ＳＣＥには会長の大賀典雄や副会長の伊庭保が、惜しげもなくソニーやソニーミュージックの人材を投入していました。当時（１９９０年代前半）の私は経営戦略部門に所属し、上司の徳中暉久がＳＣＥ社長になったこともあり交流がありました。

ＳＣＥに行って気が付いたことは、人種がまったく違うのです。ソニーの人には井深大イズムが浸透し、「自分が如何に異能者であるか」をアピールしようとします。一方でソニーミュージックの人は「いかに異能者（タレント）とうまく付き合えるか」をアピールします。久夛良木健のような異能者と一緒に働くことなんて朝飯前です。そして会食をしても話題は豊富で楽しいのが特徴です。

この日のＡＳＯでのディナーは、ライバル同士である吉岡と平井の顔が揃っての会食となりました。さすがに少し気をもみましたが、まったくの徒労に終わりました。平井は「大腸検査の後でポリープを除去して5日しかたっていないから」と、禁酒中だと言って頑固にワインに手を付けませんでした。そんなことなどお構いなく、平井の独演会が繰り広げられたのです。

「アメリカのソニーミュージックで何をしてたかって？　歌手の久保田利伸が世界進出でニューヨークに来たんですよ。私の仕事は夜だけ。ニューヨークの『うさぎ』というクラブで一緒によく遊びました。お金をセーブするために『毎日来るから1日の払いは定額制』にしてもらったんです。何事も交渉が大事です」

こういった調子で、平井の話は止まりません。

「どんなに興味がなくても、皆が見ているものは必ず見るようにしています。たとえば評判になっている朝ドラ（NHKの連続テレビ小説）を見て、自分がつまらないと感じてしまうようなら大衆と自分の感覚がずれ始めているわけだから、自分を修正するんです」

平井のこうした考え方は、井深大とは真逆です。

「市場調査なんかして、皆が欲しいものなんか作っていてはいけない。他社も作ります。皆がまだ気付いていないものを作るのがソニーなんです」

というのが井深イズムでしたから。

そういう意味でもSCE社内ではまったく違う個性がぶつかり合い、かつ異能者の久夛良木とも平和裏にタッグを組めるチームで成功したのでしょう。

楽しいASOでの食事会は吉岡のおごりでうまく進みましたが、このときの借りはのちに副本部長の鶴田雅明をSCEの半導体部門に出すという人事で借りを返すという結末になりました。なるほど、しっかりしている人だ。

放送局ビジネスの難しさ

プロフェッショナル・ソリューション事業本部の再建では、半導体とのシナジーを十二分に生かそうと考えました。たとえば大判イメージセンサーを搭載した4K（フルハイビジョンの4倍の画素数を持つ高画質）解像度高精細映像制作用カメラを市場投入する、といったものです。

基本方針は3つありました。

1.「映像制作領域」における高画質化とシステムソリューション強化
2. 業界唯一、4K SXRDプロジェクターでの「デジタルシネマ」市場の活性化
3.「ビジュアルセキュリティー」の技術力、商品力の強化

プロフェッショナル・ソリューション事業本部長に就任してみて、肝心の商品の魅力度が低下していることがよくわかりました。前任の安京洙は、中鉢良治社長が富士通からリクルートしたITソリューションの専門家でした。たしかに放送局からはシステム全体の

ソリューション提供を要望されていましたが、肝心の商材に商品力がなければ他社から調達されてしまうことになります。かつ、他社の商品をシステムインテグレーションするだけならＩＢＭや富士通などのＩＴ専門企業に伍していく力はソニーにはありません。

このころソニーの大方針であったシステムソリューションという言葉に踊らされ自社の存在意義を忘れていたのです。そこで私はメンバーに説いて回りました。

「弘法は筆を選ぶぞ」

放送のプロである顧客を満足させるためには、一級品質の商品である必要があります。質が低下していてはプロが選んでくれないのです。

ソニー・ピクチャーズは高画質で高精細なカメラが欲しくても、ソニーにないので米レッド社の４Ｋカメラを使っていた、そんなケースも実際にありました。

こういう状態を脱却するためには、ソニーも４Ｋカメラなど製品強化が喫緊の課題でした。実現のために上田康弘をはじめとする半導体メンバーに最大限の協力を要請しました。

どれもごく当たり前の戦略ですが、伝統がありながら低迷しているグループの幹部に最初は抵抗されました。

「斎藤本部長は４Ｋ、４Ｋと言いますが、本部長の言う大判のＣＭＯＳイメージセンサーを搭載した４Ｋカメラで野球の試合を撮影しようということですか？　被写界深度の浅いカメラではボケボケの画になるのでダメです。やめたほうが良いです」

こちらの無知を追及してきます。

「対案はないの？　半導体に協力してもらって破格の値段で出すよ。映画会社も放送局も欲しがっているんですよ。第一、あなたの言うことを聞いていると、4Kで野球の試合が放送されることが永遠にないみたいだが」

私には、知識をひけらかしているだけの抵抗勢力のように思えました。

幸い、すぐに別のエンジニアが、専用カメラや専用レンズでの解を持ってきてくれました。ついには蛇のような長いレンズアダプターを使えば、同じカメラでHDと4Kの両方撮れるという、4K導入初期の放送局には頼もしいであろう解を見出した人まで出てきました。

ダメソニーと呼ばれて

速攻で開発を進めなければならないので、抵抗勢力に関わっている暇はありません。史上初の部門赤字転落という危機から1日も早く脱したいと言う幹部も多かったので、半導体事業本部や民生用のカムコーダーのエンジニアの力も借り改革を進めました。

当時はキヤノンなどが民生用カメラやカムコーダーの商品の延長線上でセミプロ用の業

務用カメラを作り、攻勢をかけてきたりもしていました。こちらもこのようなマーケットの出現に対処する必要があり、民生用カムコーダー事業部との協力体制は必須でした。

基本方針の1つに掲げた「デジタルシネマ」は映画館用の商品で、フルHDの4倍を超える885万画素の高解像度と、4000：1の高コントラスト比を実現したソニー独自の液晶ディスプレイデバイス「4K〝SXRD（Silicon X-tal Reflective Display）〟」のプロジェクターです。サーバーの中に配信されたデジタル信号をコンピュータ制御で送出するだけで映画が上映できるので、高価な映写フィルムが必要なくなり、劇場の映写技師もいりません。

今では多くの映画館がデジタルシネマ方式に替わっていますが、私はこのデジタルシネマの民生用も市場導入したいと考えました。それならば事業部横断のプロジェクトのほうが良いのではないかと思い、当時CPDGのテレビ、カムコーダー、そして前述のプロジェクターを担当する商品企画マンを集めてブレーンストーミングを行ってみると、課長レベルの若手はすごく乗り気です。

「4K時代は、またソニーが切り開きましょう」

しかし、本部長やその上の幹部になると、腰が引けてしまうのです。CPDGトップの吉岡も浮かない顔をしていました。

「この前、中川裕副社長と話をしたら『４Ｋは放送が始まってから始めても遅くない』と釘を刺されました。先行投資をする余裕がないということですかねえ。儲かりそうになったら一気に商品を出せば良いと言うんですよ」

先輩の副社長から言われたことは無視できないという吉岡の言い分も、わからないではありません。

ＨＤのときは違いました。放送が始まる10年位前からソニーはＨＤ開発を行っていたはずです。人の先を行って１００％のシェアから始めれば、消費者からの信頼や支持も得られる。その勢いで後の果実をいただくというのがソニーではないかと違和感を持ったものです。システムソリューションというお題目に踊らされているなと思ったときも同じです。

私が覚えた違和感は、社外には「ダメソニー」として伝わっていたのかもしれません。

「ソニーの松下化、松下のソニー化」

少し昔、こう揶揄されたことがありました。井深、盛田時代は他社に先駆けて新しい商品を開発し、松下電器産業（現パナソニック）や東芝など他社が追随することから、ソニーは「モルモット」と言われたものです。一方で松下は、低価格で良質なものを大量供給するものの、開発に関しては「マネした電機」と呼ばれてソニーと比較されていました。

それが逆転したというのです。

近藤哲二郎の拒絶

幸いにも、放送局向けや業務用に4Kを開発するのを止める人はいませんでした。まず私はプロフェッショナル・ソリューション事業本部が担当するプロジェクターから開発してみようと思いました。

ただし、まだ4K放送開始前のため、HD放送の信号を解像度創造する回路が必要になります。解像度創造とは、SD（スタンダード放送）ならHD、HDなら4Kを受信しているかのように解像度を上げるアップコンバーター（低い解像度の信号から高い解像度の信号へ変換する）の一種です。

そこでソニーを退社した近藤哲二郎にコンタクトをとったのです。

近藤はまだHD放送が普及していない1995年ごろ、NTSCなど昔のアナログ地上波に使われていたSD放送を解像度創造技術でHDに変えて、テレビで高画質に楽しめるという技術を開発した人物です。単なるアップコンバーターではなく、独自のアルゴリズムによって、ないはずの情報を作り出し解像度を増加させる画期的な技術でした。

当時のソニーは、マスコミからこうたたかれていました。

「昔のようにエンジニアを大事にしない会社、異能者が働けない会社になった」

それを象徴する代表格として挙げられたのが近藤の退社でした。

近藤がHDの解像度創造LSIを開発した当時、私はテレビを担当するカンパニーの商品企画・戦略担当バイス・プレジデントだったためよく知っていました。技術者の中に埋もれていた近藤は、当時社長の出井伸之が見出して抜擢した人物でした。

近藤がソニーに嫌気をさして外に出たのは事実だと思います。しかしソニーは彼の会社を応援し、ソニーの解像度創像の技術を無償でライセンスし開発を続けられるようにしていました。元ソニーでベータマックス生みの親である河野文男も、社外取締役として応援していました。

私は近藤の会社に「4K時代の解像度創造のLSI開発を共同でやらないか」と持ちかけたのですが断られました。どうやら会社を設立した際に、シャープとテレビ用の独占開発を約束していたらしいのです。

基本技術はソニーが開発したものなので、そのうえで開発した成果物はソニーも使用可能である(グラントバック)が普通と思っていましたが、ソニー側が気前よく無償許諾権をグラントバックなしに彼に与えていたのです。対価の支払いはなかったと思われます。

近藤は、シャープ独占で契約したから、ソニーを卒業してからの成果物をソニーは使えない、使うとしたら開発費を払うこと、しかもプロジェクター用限定と言うのです。私が厚木の業務用機器の本部長も兼務していたのを見越してのことでした。

どんぶり勘定に救われる

「プロジェクター先行で４Ｋへの解像度創造のＬＳＩを開発するにせよ、そのＬＳＩはあくまでプロジェクター専用です、将来もテレビに流用できません、ではテレビ事業部に恨まれるな」

私が考えあぐねていると、ソニー本社で開発部門を担当していた島田啓一郎が自分たちに開発させてくれと言ってきました。

「開発費が認められないだけで、社内にたくさんの異能エンジニアが残っています」

当時のソニーでは、本社が負担する開発費を厳しく削減されていました。当時、エレクトロニクス事業はリストラの真最中で、不要不急の開発費は厳しく削減されていました。最終商品にすぐに結び付かない開発は事業部等の費用負担者がいないかぎり、予算が認められない状況でした。

今日の国家予算が基礎研究に冷たいのと似ています。そして見込みがあるかどうかは、事業部がそのニーズを理解したうえでスポンサーになるかどうか、つまりユーザーである事業部側に決めさせるという仕組みになっていたのです。

テレビ事業部はテレビ事業部で大赤字に苦しんでおり、明日のことなど考える余裕がない。どんなに有能な開発陣とアイデアがあっても、開発スタートとはならないようでした。

どうも世間からダメソニーと非難される原因は、このあたりにもあったと思います。

一方の私は、自分の利益目標予算はさっさと達成するメドをつけていました。

「余った利益はSONYの4文字の価値を、いかに高められるかに使え」

大賀や元副会長の森尾は、よくこう言っていたものです。先輩たちからのこうした教えを実践したいと思っていたので、島田の申し出をすぐに快諾しました。これこそ本部長の仕事だとも思っていたので、本部長決裁で開発予算を島田に与えました。

半導体は投資規模が巨額ですから、その微調整にいちいち本社決裁をとっていたのでは決裁が多くなってしまいます。半導体事業本部長の決裁範囲は数百億円あったと記憶しています。普通の会社ならまず予算に計上し、承認されて初めて開発経費が使える、つまり経費も予算計上主義だと思いますが、当時のソニーにそんなものはなかったと記憶しています。

ソニーでは、カンパニー制やその上にネットワークカンパニーを作った経緯からか、あるいは本社がこと細かく経費管理をするのが不可能な大会社だからなのか、細かい経費管理はカンパニーに任せて、本社はP／L、投資、在庫といったトータルキャッシュフローのみを管理していました。言ってみればどんぶり勘定ですが、このときはどんぶり勘定さまさまです。

そんな経緯もあり島田配下の開発者たちは、シャープのＬＳＩの性能を超えるＬＳＩを完成させてきてくれました。開発費がかかるといっても人件費を除けば半導体の試作費程度で、半導体事業本部にしてみれば固定費の一部に過ぎないのです。実は追加費用はそんなにかかりません。人件費もソニー全体で見れば固定費のはずで、費用が承認されなくても人件費は発生していたはずです。

世界初４Ｋプロジェクターを発売

こうして２０１１年12月に世界最初となる、アップコンバーターを内蔵した民生用４Ｋプロジェクター「ＶＰＬ－ＶＷ１０００ＥＳ」を発売しました。この時代、どこのメーカーもまだ４Ｋテレビを発売していなかったため、世界初の民生用４Ｋディスプレイ機器となりました。

４ＫのＣＳ放送が始まったのが２０１４年、ＢＳ本格放送が始まったのが２０１８年12月ですから、かなりの先行投入だったかもしれません。しかし解像度創造ＬＳＩのおかげで、高精細なプロジェクター画像を楽しめると評判になりました。２０１３年には本部長の石塚茂樹が民生用の４Ｋカムコーダーで続いてくれました。

ソニーを卒業された諸先輩から見れば当たり前のことでしょうが、当時の業績悪化に苦しんでいたソニーの中では、両本部の取り組みは勇気のいる取り組みだったような気がします。情けないことです。ディスプレイがなければ、コンテンツやそれを撮影するカムコーダーも世に出てきません。「コンテンツが出てこなければディスプレイは作りません」といった態度では、永遠に新しい4Kの時代は来ません。

新しい時代を作っていく気概のようなものをこの会社は失いかけていたような気がします。ちなみに、この4K解像度創造LSIはその後も進化を続けて、現在のソニー4Kテレビの画質を支えています。

どんなに周囲からダメソニーと言われようが、エンジニアは輝き続けていたと私は思います。強いて言えば仕組みが悪いだけですが、それは今の日本の研究費が応用研究に振り分けられていて基礎研究が疲弊している現状も同じように見えます。

第9章 おかえり、長崎

２０１０年は忙しいながらも半導体に続いて、放送局や業務用の機器やサービスを提供するセット事業も経験し、私にとってはそれはそれで良い経験でした。ただし軌道に乗せれば、さっさと専任の人にバトンタッチするのも仕事のうちです。２０１１年4月には、副本部長の根本章二にプロフェッショナル・ソリューション事業本部長の職を譲ることにしました。

私の最大の貢献は根本を本部長に指名し、その力をソニー幹部に認知させたことかもしれません。彼も私と同じ時期に執行役に就任し、R&D（研究開発）を束ねる仕事なども担当して活躍しました。

長崎工場の買い戻しを画策

ただその間、半導体事業のほうでは新たな課題を抱えるようになっていました。携帯電話へのCMOSイメージセンサーの売り込みが功を奏し、イメージセンサーの生産キャパシティーを1年で倍増させる必要に迫られていたのです。既存の工場群では立ち行かないと考えられました。

主力工場である熊本への一極集中はリスクヘッジの点で、セットメーカーから不安視されます。

まず考えたのが、2008年に東芝に売却した長崎工場（長崎セミコンダクターマニュファクチャリング）の買い戻しでした。すでに社長の清水照士はソニーに帰任し、後任は山口宜洋が引き継いでいました。

長崎の買い戻しが一筋縄で行かないことはわかっていました。上場企業の責任として、ほかの選択肢とじゅうぶんに比較検討したうえで、客観的に判断する必要がありました。株主に責任の持てる価格での買い戻しであることを証明し、感情ではなく経済合理性に基づくことを証明しなければならないと考えました。そこで東芝に買い戻しを打診するとともに、他社工場の買収の可能性も検討することになりました。

すると、本州にある工場で、規模も大きく、しかも償却が進んでいたため投資効率の良い価格で入手できそうな対抗馬が出てきました。九州一極集中という批判にも解ができる良いことずくめのように見えたので、買い戻し案を推していた私としては当惑しました。

しかし相手の会社側が売却に躊躇し、最終的には交渉が頓挫します。私としては心の中では安堵したというのが本当のところではあります。先方は「他社の受託も受けていて、顧客に対する責任があるから」という説明だったのですが、結局は先端半導体工場のビジネスから撤退する決断が付かなかったということではないかと理解しています。

東芝も話に乗る

一方の東芝半導体は苦しんでいました。リーマンショックの影響や日本の半導体の地盤沈下、そして何より水平分業という新しいビジネスモデルが広まり、ファウンドリーメーカーが台頭してきていました。先に述べたモリス・チャンの作った台湾ＴＳＭＣたちが勢力を拡大していたのです。

私がまだ半導体事業本部副本部長のときのことです。２００５年にソニーを辞めた出井伸之は新しい会社を興し、その会社主催でアジア圏の半導体フォーラムが開催されました。福岡市が舞台でしたが、さすが人脈の厚い出井です。日本のみならず世界からトップ人材を集めていました。ソニーからは当時半導体本部長だった眞鍋研司が登壇しましたが、他社からもそうそうたる重鎮が出席し、日本半導体の地盤沈下の原因や対策を議論しました。

教育制度を論じる者、経営者の短期志向を責める者などさまざまでしたが、そこに登壇してスピーチしたのがＴＳＭＣのモリス・チャンでした。

「日本メーカーは互いに群雄割拠し、バーチカルに事業を競い合ってパイを分け合った。そこに出てきたのがわれわれファウンドリーメーカーだ。日本メーカーは水平分業の動きにどう対処したのか。それぞれ個別で開発し、個別に生産し、規模の論理で結局負けたのだ。この事実を深く反省しないと日本の半導体事業に未来はない」

こう言い切ったのです。なるほどと私は納得し、彼を尊敬したのが本人に伝わったという話はすでに述べました。

過去に1兆円の巨額投資に沸いていた東芝も例外ではありません。水平分業という新しいビジネスモデルの波とシリコンサイクルの波が重なり、特にLSI事業には影響が大きかったようです。

東芝は余剰キャパシティーを抱えているような状況で、ソニーが長崎工場を買い戻したとしてもまったく問題がなさそうに見えました。東芝大分工場や長崎工場で生産していたプレステ3用のCPUであるCellプロセッサやグラフィックス半導体・RSXも、最先端プロセスを求めてTSMCといったファウンドリーに多くを生産移管していました。東芝半導体としては、もはや長崎工場はお返ししたいという状態だったと思います。

交渉にはソニー側が私と清水、東芝側は大井田義夫常務があたったと記憶しています。最終交渉は東芝の山口記念会館という施設での会食だったので、すべて合意の会食だと思って参加したら最後の一粘りがありました。詳しくは書きませんが、今回は譲るしかないと交渉妥結に至りました。

ディールは難しい

こうして2008年3月に東芝が約1000億円でソニーから設備を引き継ぐ形で設立された東芝との合弁会社・長崎セミコンダクターマニュファクチャリングは、2010年12月に530億円で買い戻されることになったのです。

従業員は社長の山口宜洋以下、全員ソニーに復帰を果たしました。復帰式での皆の嬉しそうな顔に接し、この幸運に感謝しました。1人先にソニーに帰還させられていた清水も胸をなでおろしたことでしょう。

帰還メンバーの1人である山口は、現在、ソニー半導体の生産を担当するソニーセミコンダクタマニュファクチャリングで副社長となっています。社長の清水は半導体全体の責任者であるソニーセミコンダクタソリューションズ社長との兼務ですので、実態としては現場の最高責任者です。

東芝は、一度買収した会社を2年9カ月後に半額で売り払ったことになります。先端半導体ラインの場合、次の世代の先端ラインが世に出ると、古い世代は価値が低くなります。通常は5年の定率償却となっているので、2年以上たつと価値は4割程度になるのが定率償却の計算です。

半額強という価格は、半導体部門双方からすれば納得できる水準ですし、両社とも簿価取引で、双方とも利益は出していません。

とはいえ素人目には、半額で買い戻したソニーにいいようにされたと映るのでしょう。産業界でも前例がなく、世間的にも評判が良くなかったようです。

「斎藤、お前の評判が悪いぞ」

私の友人である前述の東芝役員の岡本光正からはこう冷やかされました。

買い戻し交渉については、東芝半導体のメンバーには価格も理解され、買い戻したことにも感謝されたと思っていました。しかし半導体の状況を理解しない他の東芝役員や首脳陣には理解されなかったかもしれず、結果として半導体部門の幹部の評判を悪くしていたのなら申し訳ないことをしたと思っています。日本社会において勝ちすぎのディールは評判を落とすと大きな教訓としました。

3社統合案が浮上

ソニー半導体事業本部は、この時期すべての事業をイメージセンサーの事業に集中していたわけではありません。LSI事業や液晶事業なども抱えていましたが、東芝から長崎を買い戻したこの年に、液晶事業である大きな提案を受けました。

2009年に設立された官民ファンドの産業革新機構が接触してきたのです。

産業革新機構が設立された目的は、民間ファンドでは難しいリスクテイクをし、日本の産業構造転換の触媒になることでした。彼らは日本の液晶事業、特に中小型の液晶事業を集約して生き残りを図るべきだと考えて、各社に働きかけを始めていました。

ソニーの液晶事業は低温ポリシリコンという液晶を得意としています。結晶体であるポリシリコンを使用し、アモルファスシリコンの液晶より高精細かつ必要な回路をＴＦＴ（薄膜トランジスタ）として作り込めるという特徴があります。高性能な携帯電話やスマホなどの小型ディスプレイで採用されていました。

２００９年にはセイコーエプソンから中小型アモルファス液晶事業の無償譲渡を受けて、両方式の液晶事業を行うようになっていました。このときセイコーエプソン側の責任者だった有賀修二がソニーに合流していましたが、私は公平に見て彼が事業部長として一番ふさわしいと判断して両方の液晶事業の事業部長に指名したばかりでした。

液晶事業で利益を出すのは大変厳しく、無償とはいえ副社長の中川裕が譲り受けを決めたことに私は正直疑問でした。鈴木智行副本部長はこの状況を打破するために、自ら日本と中国にある工場の社長に就任していました。大和魂の「為せば成る」精神での再建にリーダーシップをふるっていましたが、すぐに効果は出ません。

そんな状況で産業革新機構がぶち上げたのが日立製作所、東芝、ソニーの中小型液晶事業の統合案です。シャープにも参加を呼びかけていましたが、よい返事は得られないようでした。

統合案の最大の魅力は、産業革新機構が設備投資の資金を提供する点でした。各社とも似た状況だったようで、ソニーも赤字の現状では大規模な投資は望めるはずもありません。液晶事業の幹部たちは統合に乗り気でした。

産業革新機構の幹部たちは、こんな売り文句で交渉を持ちかけてきました。

「新しい工場は台湾に展開し、日本の技術と台湾の生産コストのおいしいとこ取りで再生します」

私は大和魂の鈴木と、有賀以下の液晶事業の幹部とで何度も議論を重ねました。最後は反対していた鈴木も大同団結やむなしという意見に変わり、総意で参加に合意したのです。やはり決め手は液晶チームの希望でした。

「もう一花咲かせたい」

会議の参加メンバーの皆が、この思いを叶えてやりたいと思ったのが大きかった。2011年8月には事業統合の基本合意の発表に至りました。ジャパンディスプレイの誕生です。

その後、液晶事業の運営がどう行われたかはあまり知りません。ただ、台湾への新工場設立ではなく、旧東芝の石川工場に大規模投資をしたり、大株主の産業革新機構のファンドマネージャーが支配するいびつな会社構造だったりに私は疑問を持ちました。

ジャパンディスプレイは2014年3月には東証1部上場を果たし、産業革新機構に巨額な上場益が生じたと記憶しています。ソニーにも上場のために拠出した株売却益が出ましたが、そういう趣旨での3社統合ではなかったはずです。この会社が有機EL開発に出遅れたことも、経営上の判断ミスではないかと外から見ていました。

プラットフォーム構想の夢

ソニーに話を戻します。2011年ごろ、ソニー半導体事業本部のシステムLSI事業部では、携帯型ゲーム機「プレイステーション・ポータブル(PSP)」次世代機の開発の話が持ち上がっていました。テレビ事業も不調だったので、半導体事業本部はこれにもなんとか貢献したいと思っていました。

そこで私は次世代PSPとテレビのコアLSIをプラットフォーム設計にし、PSPの生産量を利用してテレビのコアLSIの競争力を高めようと考えました。

プラットフォーム化とは、基本構造の共通化によって開発コストを削減する取り組みです。要は「PSPとテレビの基本LSIの中身を同じにしませんか」という話です。

プラットフォーム化の担当には黒瀬悦和が選ばれました。黒瀬はプレステのチップ開発に貢献した人物で、ソニー・コンピュータエンタテインメント（SCE）の半導体部門にも籍を置いていました。まだ次世代PSPの開発ボタン（ゴーサイン）はSCEから来ていなかったのですが、私は黒瀬に要素技術のライセンス取得を急がせました。

メインのCPUには英アーム社の「Cortex-A9」が選ばれ、テレビ用のプロジェクトが先行しました。

このころ、PSP設計では東芝とソニー、SCEの3社体制で共同開発するのが常でした。私はプラットフォーム構想を東芝半導体にも広げ、PSP、ソニー製テレビ、東芝製テレビと対象を広げてじゅうぶんな生産量を確保したいと説得しました。

この試みはある程度成功したと言えます。ソニーでは2011年4月、LSI「アトレーユ」が搭載されたテレビが発売されました。続いて2011年12月にアトレーユから編集設計されたLSIを搭載した次世代携帯ゲーム機「PS Vita」が発売されます。東芝テレビでも同じような構造のLSIを搭載したテレビ「REGZA」が投入されました。

〝ある程度〟となってしまったのは、東芝側の事情があります。というのも、このREGZAを発売した後に東芝セミコンダクター社長に就任した小林清志氏が、テレビLSI

からの事業撤退を決めて離脱してしまったのです。
PS Vitaのほうは、プラットフォーム化の取り組みの恩恵を受けて開発が加速し、基本設計ができあがっていることでゲーム側が負担する開発コストが削減されたという副次効果はありましたが。

小林社長の蛮行

東芝セミコンダクターの小林社長は、メモリー畑出身で凄腕のように見受けられました。ただし東芝マンに多い、お公家様のような気品が先行するタイプではありませんでした。

ある日、ソニーのテレビ事業を担当する本部長の今村昌志と名刺交換をした後、小林社長は今村の名刺を机の前にビシッと置いて、こう言いました。

「テレビをご担当ですか。テレビねえ、テレビはいけません。儲かりません。テレビのLSIは、私の目の黒いうちはもう二度と、いや絶対やらせません」

そして今村の名刺をビシビシ指差しながら、勢い余って今村の名刺を折り曲げるという蛮行に出たのです。われわれも驚きましたが、小林社長の上司である齋藤昇三専務の慌てようにはおよびません。

「まだ小林は就任間もなく、顧客対応に慣れていませんので」

のちに弁解を聞かされましたが、われわれの知らないところで激論があったのかもしれません。それにしても、ソニー以上の野人がいるものだと衝撃を受けました。

今村は私に、

「俺は一応お客だぞ。私たちだってお客様の前であのような乱暴狼藉はしたことがない。これまで多くの部品メーカーの人と会ったけど、自分の名刺を折られたのは初めてだよ」

こうこぼしていました。

東芝半導体部門は離脱してしまいましたが、東芝のテレビ部門とはプラットフォーム開発の取り組みを継続しました。協業をさらに拡大するために、私はパナソニックの津賀一宏専務のところへ説明に行きました。

「日本のテレビメーカーが生き残るためには、こういう大同団結が必要です」

こう持ちかけましたが、実はこれは松下電器産業出身の松下幸之助記念志財団、松下政経塾塾長の佐野尚見さんの受け売りでした。このように佐野さんが発言されていると聞き、私は両社の思いは同じかとお会いしに行ったのです。

津賀さんは総論に同意されました。しかし部下の方々と個別に議論すると、話が変わっていたのです。

「英アームではなく、松下が開発している独自プラットフォームの半導体を買ってほしい」というものでした。この話は、ゲームや各社のテレビの数量をまとめて、数の力のうま味を三者で分かち合うというものなのに、パナソニックの担当者は自社の売り上げを増やす商機と受け止めたようです。

たとえ同じ問題意識を持っていても、ビジネスとなると各社の思惑が交錯するものです。テレビのLSIをプラットフォーム化する取り組みは、間もなく終止符が打たれます。今村から「(台湾の半導体メーカーの) メディアテック社が提供するソリューション (LSI群) が進歩して、コストパフォーマンスが良いので替えたい」と言われたのです。

メディアテックはスマホ向けLSIで急成長していました。テレビ同士ではなく、テレビとスマホの基本構造の共通化 (プラットフォーム化) を目指すことになったのです。

日本がテレビの半導体チップでプラットフォームになる可能性のある取り組みは、ここに終わったと思っています。まあ、世界市場10億台を超えるスマホとのプラットフォーム化には数ではかないません。今村の判断は正しいと納得した次第です。

ハワードの煩悶

さてこの時期、私はハワード・ストリンガーCEOから妙なチャレンジを受けていました。幹部社員は大体、月一度のペースでハワードと1対1の面談 (雑談のようなもの) を要求されますが、その場でこんなことを言われたのです。

「お前はソニーのライバルである携帯電話メーカーやカメラメーカーの味方なのか？」

ハワードには半導体とプロフェッショナル・ソリューション（旧B2Bソリューション）という2つの事業本部を任されており、すっかり信任されていたように思っていました。

私がアメリカのソニー・エレクトロニクス・インク（SEL）のCFOだったとき、ハワードはアメリカ全体のエンターテインメントも含めたソニー・コーポレーション・オブ・アメリカ（SCA）の会長でした。こうした関係性から、お互いをよく知っていました。

アメリカ在任中、私がハワードに貢献したのはSELのリストラでした。私は赴任するとき当時社長の安藤国威からこう言い含められていました。

「おまえはニュージャージー州に家を絶対買ってはいけない。君の大事なミッションは、SELの本社をサンディエゴに移転することだからな」

当時はパソコンやカメラなどの販売部隊はカリフォルニア州サンディエゴに居を構え、テレビやビデオカメラ、放送局ビジネスと全体の本社はニュージャージー州にあるといういびつな組織構造でした。CFO交代も抵抗勢力排除の第1弾（前任のCFOは抵抗勢力）と安藤は考えていたようでした。それでも何も行動が起きないのに業を煮やし、安藤はSEL社長だった西田不二夫を帰国させて本社移転を推進することにしたのです。

SELに新社長が赴任してくるまでの間、アメリカ人たちが急に私のところに集まってくるようになりました。ナンバーツーがナンバーワンのポジションになったように見えたのでしょう。私は幹部を集めて、ブレーンストーミングを行うことにしました。こうなると欧米の幹部社員はアピール合戦になり、いかにサンディエゴ移転が効果的で有効か、問題点は何でそれを解消するのにはどうすればよいかを発言し合い、反対する人は出てきません。ある幹部などは、自ら率先して部隊の移転を行い、どのようなことに注意をすればよいか模範を示してくれました。

アメリカ人といえども、ニュージャージーの田舎に住んでいる人は車で40分程度のニューヨークに行ったことさえない人がいます。この人たちが周囲に住む親族と別れてカリフォルニアに異動することは、幹部でない限り稀有です。したがって幹部ではない現地スタッフは、ほぼ全員が自主退職を選びました。

しかもアメリカの退職金制度は日本と違って少なく、「勤続年数×月収」程度でした。私の部隊もほぼ全員のスタッフがいなくなりましたが、サンディエゴにも拠点があったので、そこの人材をやりくりすることで多少の補充で切り抜けました。これもすべて現地人幹部のブレーンストーミングでつくられた作戦によるものでした。

「なぜ他社を優先するんだ」

同じ時期にハワードは、アメリカ全体でリストラを検討するように本社から指示を受けていました。ハワードは「US Project」を始動させ、この活動の一部に私たちの引っ越しの効果を組み入れたものですから成果は絶大です。ハワードは東京で社長賞の表彰を受け、私にも記念の複製トロフィーのようなものをくれたものです。

社内の雀たちは、ハワードが主要ポストに指名した四銃士（平井一夫、吉岡浩、石田佳久、鈴木国正）のことを「ＦＯＨ（Friend Of Howard）」と揶揄していましたが、そうした意味では私もＦＯＨの1人に分類されていたかもしれません。

話を戻します。ハワードが私にチャレンジしてきたのは、「お前は競争会社の味方か」とシリアスに怒っているわけではないと感じていました。しかし、彼の頭の中は脚光を浴びているアップルやグーグルのような企業に自分たちソニーもなりたいということであり部品事業のことなんか眼中にないようすでした。

「ソニーの携帯電話事業はあまりうまくいっていない。それなのにライバルの巨大メーカーたちのために、お前はいつも半導体の設備投資の話を持ってくる。お前の事業はうまくいっているかもしれないが、ソニー全体のＩＴ事業はうまくいっていない。こんな巨額投資をライバルのために承認するＣＥＯの身になってみろ」

こんな本音が伝わってきました。私に対し、個人的な感情をぶつけていただけなのかもしれません。が、私も同調するわけにはいきません。

「ここ最近の半導体事業本部は、いつも最優秀業績賞をもらっている。外販で稼ぐ利益を会社はいらないというのか」

外販ビジネスの重要性を繰り返し強調しながら反論しても、話は平行線のままです。

「テレビでこういう技術があると中川が紹介してきたが、お前はどう思うか」

「この前、大賀さんにこんなことを言われたんだ」

ハワードは取り留めのない話を挟んできます。どんなに外販の重要性について説明したところで、あまり興味がないように感じました。

外販ビジネスの肝要

ここで重要部品の外販と内販のプライオリティーの議論について考えを述べておきたいと思います。

ソニーの重要部品の内製化は、最終製品を差異化するために始まりました。したがってわれわれは、裏面照射型ＣＭＯＳイメージセンサーのような他社を圧倒できる部品が生まれると社内から要求を受けることになります。

「販売は社内に限定してほしい。あるいは外販のタイミングを後ろ倒しにして差をつけてほしい」

このように請われて社内供給に限ってしまうと、生産数量が伸びずにコストダウンが進みません。結果、社内のセット部門からはそっぽを向かれかねないのです。

「調達コストが高いと商品の競争力が低下してしまうので、他社から部品を買います」

こんな事態に陥ってから外販先を探しても、見向きもされないか買いたたかれるのが関の山です。

今の世の中、大量生産でプラットフォームとなりうる部品のみが生き残れるのです。この時代認識が、まず社内で共有されるべきと考えます。私は、開発が完了すると社内、社外関係なく公平に開示しました。

供給も公平に分配することが必須です。供給問題など起こさないことが原則ですが、思わぬ大ヒットや歩留まり問題などが発生することがあります。会社は全体の限界利益をよく考えろと迫ってきたとしても、公平の原則を簡単に崩してはいけません。

それでも社内セット部門は有利なのです。デバイス部門の開発報告や中期計画を審議する中で、原理試作のようなものを見ることができるのですから。他社も、この開発段階の社内開示については理解してくれるでしょう。

大切なのは、技術が完成したときの開示のタイミングや、販売のタイミングが公平かという点です。こういった原則を忠実に実績で示してこそ、他社の信頼が勝ち取れると信じています。社内外問わず受注を獲得し、規模の経済を享受し、さらには業界のスタンダードになることが最も重要なのです。

当局も役に立つ

こうした私の思いをよそに、ハワードは明らかにいらだっていました。

「世界ではアップルやグーグル、アマゾンといった会社が、はるか先の企業価値を実現している。なぜソニーは、この市場で何もできていないのか」

彼はCEOとして業績悪化の矢面に立ち、投資家など周囲から批判を浴び続けていました。だからこその「彼らのために投資している（お金を使っている）」といったエモーショナルな議論だったような気がします。

ハワードの言うことを真に受けて、イメージセンサーが大躍進する絶好のチャンスを逃すわけにはいきません。そんなわれわれを後押ししてくれたのは、意外にも経済産業省の官僚たちでした。彼らは日本の産業にイメージセンサーは有望だと思ってくれたようで、低炭素型雇用創出産業立地推進事業の補助金なるものの活用を教えてくれたのです。

「たしかにＣＣＤよりＣＭＯＳのほうが消費電力は小さいが、これで低炭素型雇用の創出とまで言えるのか」

内心はこう思いましたが、政府が産業育成に後押ししてくれるのはありがたく、実に正しいと納得することにしました。

全投資のある一定割合を限度に補助金を拠出してくれるという内容で、当時は赤字続きだったソニーのような会社は返済を猶予してくれるのです。苦しい状況下にあって、政府の制度を活用することは、イメージセンサーの投資を本社に認めてもらうのにじゅうぶん役に立ったのです。

低炭素型雇用創出産業立地推進事業の補助金も利用した長崎工場ＣＭＯＳイメージセンサーラインの開所式は、２０１１年11月に行われました。経済産業省の局長、課長の臨席を賜りました。会社の課長と違って担当省庁の課長は、場合によっては社長対応だと教えられてきましたが、局長までもが参加というのには驚かされました。ソニーのイメージセンサーの存在感と期待が高まったことを象徴するイベントだったと思います。

このころには先行技術、主要顧客、工場キャパシティー、それを支えるエンジニアと経営者というすべての駒が揃ってきていました。

その後もソニーはルネサス　エレクトロニクスの山形工場を買収したり、東芝のイメージセンサー部隊とそのラインを買収するなどキャパシティー増強に努めました。もう私は半導体を離れていたので詳しい話は知りません。でも彼らならカルチャーの異なる会社を買収しても、仲間になった人たちの痛みも理解し合いながら融合してくれたと思います。なにせ経験のあるあの清水が責任者なのだから。

第10章
天災は忘れたころにやってくる

２０１１年は天災に悩まされた年でもありました。

前年に長崎工場の買い戻しが決まり、この年には私はプロフェッショナル・ソリューション事業本部の本部長からも解き放たれることが決まっていました。再び半導体事業本部長として専念しようとしていた２０１１年3月11日、東日本大震災に襲われました。

私はＰＤＳＧ（プロフェッショナル・デバイス＆ソリューショングループ）のデピュティプレジデントでもありましたので、品川のソニー本社に与えられた執務室で会議が始まるのを待っていました。20階建ての本社ビルは地震の衝撃を揺れで吸収するように造られていたためか、経験したこともない揺れに襲われて机の下に身をかがめていました。

その後あのような津波に襲われるとは誰も想像していませんでした。

予定された会議は始まり、

「リチウムイオンバッテリーを積んだ車を1台試作してみたい」

社員からのこんな提案を上司の吉岡浩や担当の石塚茂樹たちと討議したりしていました。

テレビで千葉のコンビナートが燃えているなどの情報を得た私は急遽、車を用意してもらい自宅に帰ることにしました。しかしあの日の東京は帰宅困難者であふれて車も動かない。会社に泊まった人のほうが正解だったようです。

ようやく家にたどり着くと、磁気テープやブルーレイディスクなどの記録メディアの主力工場がある宮城県多賀城市付近にも津波が押し寄せていることを知りました。多賀城の工場は頑丈な造りで3階建てだったため、近所の住民も暗い中で避難して来ていました。残念ながら逃げ切れず、工場の1階で死亡が確認された方もいらっしゃったと聞いています。

未曽有の震災で混乱

私が担当する半導体関連の工場としては、半導体レーザーを生産する白石事業所があり、天井が崩落してグチャグチャになりました。幸いレーザーを作る炉の工場は丈夫に造られており、有毒ガスの流出などは起きてはいません。クリーンルームは崩壊してしまいました。

地震発生は金曜日だったため、翌週の月曜日に厚木の半導体本部に出社しました。すると今度は東京電力の発電所が被災し、電力不足が生じていたのです。

「計画停電を行うことになったので電気が切れます。自宅に帰って下さい」

社内アナウンスが聞こえて来ます。東京から1時間以上かけて電車で厚木にたどり着いたのに、計画停電がいつ始まるか事前に知ることもできずに帰宅を急かされる。こんな状態では、社員の計画出社を管理することなど不可能です。

「停電の間は待機すればいいじゃないか」

会社の総務に交渉しても、お役所のような対応です。

「空調が止まるし電気がありません。社内に社員を留め置くことはできません」

このままではイメージセンサーの設計が一向に進みません。裏面照射型CMOSイメージセンサーの商品展開で忙しい事業部にとっては、顧客の納期に間に合わせられない事態となりかねない。当然、復興対策の指示もできません。副本部長の鈴木智行は自家発電機の調達に駆けずり回り、私は厚木の総務に詰め寄りました。

「どうして電気が2時間程度止まるだけで、厚木事業所すべてを閉めなければならないのですか。どうして全員が帰宅する必要があるのですか」

よく話を聞いてみると、どうやら空調が止まることで社員の健康状態が懸念されること、照明が消えてしまうことを問題視していることがわかりました。2時間の空調ストップで皆が息苦しくなるはずもなく、窓を開ければ作業可能でした。

残る問題は、照明とパソコン用電源の確保です。アイデアマンの上田康弘はどこかでバッテリー内蔵のランプを探し出し、それを照明にしたいと購入を申し出ました。パソコンはノートブックを皆に支給することにしました。

このころには鈴木が非常用発電機を何台か集めており、どこの電気に供給するか優先順位を議論しました。計画停電の頻度は地域によりバラバラで、どういうわけか厚木地区は頻繁に行われたように感じます。自宅のあった世田谷区は一度も計画停電を実施されることがなかったように記憶しています。

理髪店で情報を入手

半導体レーザーを生産する白石事業所ではレーザーを生産する炉は健在でしたが、組み立て工程の製造ラインを再建する必要がありました。製品供給先であるセットの工場の被災からの復興と、われわれの復興のタイミングのどちらが先か、ソニーの復旧が早ければ供給問題が起きないという綱渡りの状況でしたが、結果としては問題を起こさずに済みました。

ソニー全社でいうと多賀城、郡山、本宮、豊里などに事業所を構えていました。この地域は津波や地震の被害を受けたうえに、福島第一原子力発電所の水素爆発の問題も抱えていたのです。この原発の放射能漏れはどうなるのか、収束の見通しが見えずやきもきさせられました。

思わぬ場所で情報を入手してきたのが、当時社長の中鉢良治でした。ある日曜日、中鉢が理髪店に行くと見慣れない外国人たちが来ており、隣の席で並んで散髪をするようになったそうです。お互いすることもないので世間話をしていると、彼らが原子力関係者で米GEから応援に来ているエンジニアだとわかりました。

「おいおい、君たちがこんなところで油を売っていて良いのか」

思わず中鉢が聞くと、

「自分たちができることはもうないよ。実はさじを投げて帰国するところだ」

こうエンジニアが答えたというのです。

今になって当時を書いた書籍やレポートを読むと、この時期は自衛隊やアメリカ軍の「トモダチ作戦」、そして消防隊の放水作戦で理由ははっきりしないがその後に原発事故が最悪の状況をなんとか脱したという瀬戸際だったことがわかります。

驚いた中鉢は対策会議で突如、東北の製造子会社の社員に自宅待機を命じています。欧米系のコンサルティング会社のマッキンゼー・アンド・カンパニー日本支社は社員を東京から退避させ、京都に引っ越したり、香港に逃げたりと混乱をきたしていました。彼らとのプロジェクトも消滅した記憶があります。当時は汚染レベルを気にしての復興作業と操業再開でした。

異例の人事異動

半導体製造に必要な溶剤、純水、ガスなどの供給問題も発生しましたが、最も深刻だったのはシリコンウエハーの調達です。ソニーのイメージセンサー用ウエハーは特注品で、相手企業も生産する事業所を限定していました。先方の被災状況、在庫品・仕掛かり品のダメージ状況の聞き取りなどに私も駆り出され、信越化学工業やＳＵＭＣＯといった会社を訪ねて回りました。

各社からは最大限の協力をいただきました。それでも操業への影響は避けられませんでした。資材が日本で逼迫しているのなら、今まで純度の問題で使用不可とされていた韓国製資材を見直すことになりました。すると半導体産業で韓国は日本を超えており、スペック上の問題はないことがわかりました。一部資材は供給先の選択肢を広げる結果となり、タブーは伝説だったと震災が教えてくれたのです。

必要資材の調達対策含めて対策本部が本社に設けられ、そこへの報告も厚木勤務としては忙しさを加速させる要因でした。今のようなテレワークのない時代です。

震災復興に精を出している最中の２０１１年6月、人事異動が発表されました。

鈴木が半導体事業本部副本部長を兼務したまま、本社の独立した新組織である研究開発プラットフォーム（材料・デバイス・半導体技術担当）の担当となったのです。

半導体に関連するところはすべて半導体事業本部負担で、平山照峰たち研究開発者全員を新設の本社組織に連れていくという、私としては「金は出すが統治せず」という組織論的には理屈に合わない組織変更に思えました。でも彼を応援するためと、すべて彼の要求をのんで協力しました。

というのも、人事が発表される以前、人事役員からはびっくりするようなことを聞かされていました。

「鈴木は上田の役員昇格で荒れている」

これより少し前、上田康弘が業務執行役員シニア・バイス・プレジデントとして役員になり、イメージセンサーの代表者として頭角を現してきたので複雑な心境だったのでしょう。本人の本音は知りようがありませんが、サラリーマンの心理は微妙なものであるようです。たしかにこの年の8月に行われたIR（投資家向け広報）向けの半導体説明会の「イメージセンサービジネス」では、本部長の私と上田が登壇して説明をしています。

そんな事情もあり、彼の本社での役割が成功するよう、平山をはじめとした研究者一族を出すことで応援しました。

次期CEOに平井が浮上

先駆けて4月1日には、組織変更も行われていました。震災の最中にと思われるかもしれませんが、発表したのは3月10日と震災の前日でした。発表文でハワード・ストリンガーＣＥＯはこう述べています。

「トランスフォーメーションの次のステージも、ソニーの経営の指揮を執ることを光栄に思っています。今回の経営体制の再編は、グループ全体として目指すゴールを明確にし、我々の持っている技術力を最大限活用することにより、ソニーの変革と成長を加速することを目的としたものです」

「我々のゴールは常に世界中のお客様に素晴らしいエンターテインメント体験と革新的なソリューションを提供していくことです。今回の新しい体制は、最重要領域への一層の集中と、それらへの柔軟かつ迅速なリソースシフトを可能にします」

　ハワードは、「次のステージ」もＣＥＯにとどまるつもりのようでした。そのうえで、役員会の支持を取り付け、副社長の平井をより重要なポジションに据えました。平井に任せる事業領域を広げることで、すべてのソニーの民生機器をつなげるというソリューションを提供し、先行するＩＴ企業に追いつきたいと考えたようでした。それは平井が次のＣＥＯの最有力候補になったことを示唆していました。

　私の上司である吉岡副社長の担当範囲は狭くなり、半導体・業務用ビジネス・コンポーネントビジネスに限定されました。平井のほうにテレビビジネス、民生用カメラビジネス、ホームビデオビジネスなどのコンスーマービジネスが移管されたのです。
四銃士のNPSG・CPDG体制にしてからまだ2年しかたっていない中での国替えのような組織変更に、私は違和感を持ちました。2年前には社長候補の本命だった井原勝美を外したばかりなのに。あのときはリーマンショックと円高の影響という理由だったが、今回はどういうことなのだろうか……。

だから人事はわからない

当初はほとんどのエレクトロニクス事業を担当していた吉岡は、技術にも明るく次期社長の本命とみなされていました。ハワードも、吉岡がアメリカのNAB（国際放送機器展）でスピーチを行うことになったとき、自ら原稿作成に助言をするといった熱の入れようでした。原稿にはハワード特有のジョークをちりばめる手助けをしたほどだったのに、どこでその評価が変化したのか私には知る由もありません。

このような目まぐるしい連続した人事変更、特に社長候補と言われている人材が短期間に2人（井原、吉岡）もゴール直前で姿を消したのです。

欧米企業のうち指名委員会が機能している企業では数ある優秀な候補から1人のCEOを指名委員会が選ぶのが通例ですが、日本企業は現CEOが1人を選んでいくプロセスの中で、気に入らない候補をはじいていくシステムのようです。

ハワードは結果が出ないことに焦っていたのかもしれません。銀行出身の財務担当が、私にこう言ったことがあります。

「ソニーもダメな会社になったね」

私も同感ではありましたが、

「それは一面で、ソニーの本当の実力は事業本部のエンジニアたちの中にあるんですよ。せっかく銀行を飛び出してソニーに来たんだから、なんとか彼らの本質に触れる機会が持てたら良いですね」

こう答えたことを妙に覚えています。どこの会社もそうかもしれませんが、業績が低迷していても現場のエンジニアたちは誠実で意志が強く、世の中に貢献できる技術の開発を強く望んでいる。それを阻害するものは井深の言う戦争だけではないようです。政争（社内ポリティックス）というものもあるかもしれません。

タイの大洪水

２０１１年の秋を過ぎたころにタイの洪水が私たちを襲いました。半導体の後工程と呼ばれるワイヤーボンディングやパッケージの工程は労働集約型の作業なので、人件費の安さを求めてタイに主力工場を置いていました。タイの長雨と堤防の決壊による洪水が8月くらいから迫ってきているのは承知していたのですが、現地は土嚢を積むことで万全の対策を取っているとの報告でした。

しかし土嚢の決壊は一瞬だったらしく、手の施しようもなく工場が水没してしまったのです。半導体は後工程といえどもクリーンルーム内で行われます。そこに泥水が入ったのだから手の施しようもありません。すべての製造設備は全滅し、工場建屋も再利用は不可能に思えました。

供給問題を起こさないために、臨時の外注メーカーの手配や根本的な対策案、現従業員の処遇問題を考える必要がありました。タイでは定期的に洪水が発生しており、今までも被害はあったが建屋に水が入ったことはなかったのです。

とはいえ一度あることは二度、三度と起こりうる可能性は否定できず、この地域からの撤退を決めた日本企業もありました。

幸いにもソニーはタイの別地域に災害のないオーディオ工場があったので、ここの工場の空き地に、水没したビデオカメラ部門とともに再進出することになりました。日本人従業員はタイの国内異動で済みますが、現地従業員は異動できない方も多く退職割増金で納得してもらうしかありませんでした。

しかし後で、われわれの対策を反省させられることになります。この洪水で1社だけ難を逃れた会社があったというのです。ミネベアという会社でした。同社の貝沼由久社長は早くから現地に乗り込んで陣頭指揮を執り、ヘリコプターを飛ばして空から洪水の進み具合を目で確かめながら対策を取ったそうです。私はオーナー社長の凄さに舌を巻きました。貝沼さんとは一度だけ、元副会長の森尾稔の紹介で会食をご一緒したことがあります。偉丈夫できりっとして、弁護士資格も保有する貝沼さんが優秀なのは知っていましたが、われわれサラリーマンにはない行動力に脱帽した覚えがあります。

危機の時代のトップ

歴代のソニーのトップには貝沼さんのような人が多かったのです。

大賀典雄は東名高速道路の建設計画を巡り、ヘリコプターで厚木周辺の地形を見極めながら計画を想像することで厚木工場を建設する土地を決めました。しかし今、私が同じことをしたら会社のCFOはなんと言ってくるでしょうか。

アメリカでは役員が毎月ファルコンジェットで西海岸と東海岸を往復していて、以前は私もそうしていました。しかし日本では半導体事業本部長がヘリコプターをタイで飛ばすことが想像できない会社になってしまいました。私自身も、そうした発想ができなくなっていました。

不幸続きの２０１１年でしたが、嬉しいニュースもありました。翌年に開催されたソニーの２０１１年度マネジメント会同で、裏面照射型ＣＭＯＳイメージセンサーが井深賞を受賞したのです。

井深賞は技術的に優れ、かつビジネス的にも大きな実を結んでいないともらえないものでした。数年間該当者なしが続いており、前回の受賞はプレステのビジネスでした。そのときは久夛良木健が満面の笑みで壇上に立ったのを記憶しています。

今回は鈴木智行が技術陣を代表して受賞し、これまた満面の笑みで受賞しました。技術陣にとっては井深の名前を冠した賞の受賞は格別です。私も半導体事業本部長として優秀業績賞をいただきました。

いつもは賞金もついてくるのですが、今回は違いました。事務局かハワードの意向かわかりませんが、すべてを東日本大震災の義援金に寄付することが決まっていました。われわれとしては同じ義援金でも白石市や多賀城市といった、日ごろお世話になっていた都市に寄贈したかったのですが相談の余地がないようでした。

こうしてみると、最後までトラブル続きの半導体事業本部時代だったことがよくわかります。そしてなんと人事異動の多い会社でしょうか。出井、中鉢、眞鍋、中川、吉岡と、

5人の上司に仕えたことになります。この激動の7年間では、素晴らしいネアカな部下に恵まれました。逆境の連続でしたが、大変ながらもやりがいのある事業活動を送ることができたと思います。

第11章
さよなら半導体事業本部

業績が良いと優秀そうに見えるのか、優秀だから業績が良いのか定かではありませんが、イメージセンサーの快進撃は半導体人材を見直す機運を生みました。厚木は技術と人材の宝庫ということになってきたわけです。ソニーらしさが一番残っていると評判になり、マスコミにも注目されました。

私と同じ時期から副本部長だった鈴木智行は、２０１１年6月より本社の研究開発プラットフォームを担うことになり、のちに本社全体のR＆Dも担当し執行役副社長にまで上り詰めました。これまでなら半導体の人材は半導体で終わる場合が多いので、異例の抜擢と言えるでしょう。

仲間たちのその後

上田康弘は体育会系と言いながらも実は緻密な男で、将来に向けてのロードマップを確実に実行するとともに、開発投資も怠りませんでした。現在のイメージセンサーの繁栄は、彼の手腕に負うところが大きいと考えています。高速読み出しを可能にするカラムA／D変換回路搭載CMOSイメージセンサー、裏面照射型CMOSイメージセンサー、積層型CMOSイメージセンサー、メモリー内蔵型積層CMOSイメージセンサー、Cu－Cu接続採用の積層型CMOSイメージセンサーと矢継ぎ早に商品化を行い、不動の地位を築いて行ったのです。のちに上田は本社の技術渉外担当役員でＪＥＩＴＡ（電子情報技術産業協会）半導体部会長にも就任しました。

研究開発を担当していたプロセス開発者の岡本裕が、業務用イメージセンサーの事業部長になって活躍した話は前にも述べました。彼はビジネスもできることを証明しました。鈴木が本社のＲ＆Ｄ担当になり忙しくなったため、鈴木の後任として半導体事業本部長になりました。

平山照峰は業務執行役シニア・バイス・プレジデントとして、本社機能であるデバイス＆マテリアル研究開発本部長に抜擢されました。

特筆すべきなのが、代田典久研究部門長の下でシリコンチューナーを開発した服部雅之です。シリコンチューナーとは地上波、ＢＳ放送などのテレビ放送を受信するチューナー機能を半導体プロセスのみを使いワンチップＩＣで実現したものです。

ワンチップ化することで小型化、省電力、低コストを図ることができ、最近のブルーレイディスクレコーダーでは同時に複数チャンネルの録画が可能となっています。このシリコンチューナーを代田の指導の下、全世界の放送方式に対応したシリコンチューナー群として業界で初めて開発したのです。２００９年以降のソニーテレビは全面的にシリコンチューナー化が図られ、その流れは他社に波及しました。

服部はのちに半導体の開発のみならず、ソニーエレクトロニクスのR&Dプラットフォーム　システム研究開発本部長として執行役員に上り詰めました。

経営会議メンバーだった代田は頑固なところはあるが芯が強く、しかも人を見る目が鋭い。代田は研究開発部門とともにソニーLSIデザインの社長も務めて重責を果たしました。服部を見出し育て、本社に輩出した功績も大きいと思います。服部は半導体の開発をしているわけではありません。将来のソニーの夢をかなえるような技術や商品の開発責任者となっているのです。

現在、半導体の社長をやっている清水照士は前述したように、能力のみならず大将としての気質も兼ね備えた人材です。あの気難しい久夛良木健と中川裕という両副社長に認められたのはやはり実力だろうと思います。しかし実力だけでは必ずしも出世しない。サラリーマン社会で己を捨て、東芝傘下のJVに飛び込んだ責任感がさすがなのは前に述べたとおりです。

本社CSOになる

自分の話もしなければなりません。ソニーで一番楽しくやりがいのある仕事は事業を担当する本部長だと思います。自分の裁量で作戦を遂行し、結果を実績で評価される。世界をあっと言わせる商品、部品を世に出し勝負する。誰しも事業本部長でいたいと言うのではないでしょうか。

そんな私にも、半導体事業本部から離れなければならない事情ができました。２０１２年に本社のＣＳＯ（最高戦略責任者）として異動になったのです。本心で私は、彼らの言うプロモーションは迷惑でした。しかし相手が悪い。社外役員を務めていた富士ゼロックスの小林陽太郎会長と、同じく社外役員でマッキンゼー出身の安田隆二・一橋大学教授が、私を面接するために社外某所に呼び出したのです。２０１１年も暮れのことだったと記憶しています。

「どこの会社にも戦略担当のＣＳＯがいるものだが、ソニーにはいない。社内の誰に聞いても、君がこの領域に精通しているスペシャリストと言っています。ハワードの下でＣＳＯに就任するつもりはないですか」

こう彼らに言われました。

たしかに私は、企画戦略分野の職歴がキャリアの中で一番長い。しかも、先方はどうも、私が現職の事業本部長職を気に入っており、本社での仕事を嫌がっていることまでご存じのようでした。まだハワード・ストリンガーの退任が決まる前の段階です。

私たち現場の本部長たちは、こうした社外役員たちと話す機会がほとんどありません。

もちろん彼らも私たちを知らない。せいぜい巨額な投資の決裁を取締役会でもらうときに、説明者として顔を合わせるだけなのです。

小林陽太郎氏と言えば盛田昭夫の僚友であり、彼の頼みを断って良いものだろうかと瞬時に観念せざるを得ませんでした。しかしながら肝心の小林陽太郎氏はこの年、社外取締役を退任してしまいました。後で振り返ればこのときにCEOとCSOの候補を選び、これをソニーでの最後の仕事にしようとのお考えだったのです。ハワードに退任を迫り、後任に平井一夫を推しました。

「しまった。それならば新しく選任されるCEOがCSO任命を含めすべての人事を行うべきではないか」

私が後悔したところで後の祭りです。やはり創業者の盛田昭夫に頼まれて社外重役に就任された小林陽太郎さんの言葉は、私には重すぎました。私にとって創業者の盛田は雲上の憧れの人で、この人の縁でCSOに指名されることは避けることを許されない天命だと感じたのです。

苦難も苦労もむしろ歓迎

こうして苦労はするが楽園であり、最高の仲間がいる事業本部から伏魔殿の本社へと異動となりました。それ以降の半導体事業本部の具体的な話を私はあまり知りません。
しかし現在、ソニーの収益の大きな柱となったイメージセンサーの栄枯盛衰のカギはすべてこの7年余りの半導体メンバーのサバイバル作戦にあったように思うのです。

日本の半導体各社が苦戦する中、ソニーも負け組のお荷物集団として売却候補の集団だった。シェアもCMOSイメージセンサーとしてはゼロから始まった。収益が改善してからも、ソニーの携帯電話やカメラ部門の競合の味方かとトップに嫌な顔をされたこともあった――。

なぜソニーだけがこの戦いに勝ち残り、今の地位を築けたのか。読者の皆さんには今までのストーリーの中に答えを見つけ出していただきたいものです。

幾多の苦難やいわれのない非難や不都合な人事は、事業を行っているものなら誰しも経験していると思います。そのような立場にいる方々にも、このメンバーたちが状況に絶望することなく、勇気を持って立ち向かっていったことを思い出してほしいのです。

「技術上の困難は寧ろ之を歓迎」
「真面目なる技術者の技能を最高度に発揮せしむべき自由闊達にして愉快なる理想工場の建設」

ソニーの設立趣意書にある、この精神に触れていただきたい。

今ならソニーの新入社員の中に、

「イメージセンサーは圧倒的なシェアを誇るので御社を選びました」

という人もいるかもしれません。しかし安泰な事業はどこにもない。事業は苦難の連続なのです。

そしてトップから下される方針はときとして理不尽に思えます。岩間のときはプレーナ・IC・MOS開発規制でした。われわれのときは半導体事業売却でした。このような状況下で自分たちの運命を呪わずなんとか突破口を見つけ、自分たちで考えた解決策なら棘(いばら)の道でも進んで飛び込んでいく勇気を持てるか。すべてはそこにあり、幸いにも私の周りの半導体の仲間たちはみんなそういう人たちばかりでした。

私が副本部長だったころ、新入社員向けのオリエンテーションである新人から質問を受けたことがあります。

「CMOSイメージセンサーの時代が来ようとしています。この時代、メモリーなどの先端プロセスを持っている会社が有利になってくると考えますが、ソニーはどう対処されますか」

そのとき、私は思わずこう答えてしまいました。

「ソニーにはCCDで培ってきた画質性能向上の技術がある。そう簡単には負けませんよ」

しかし今ならこう答えるでしょう。

「そのとおり不利な点も多々あるでしょう。そこをどう乗り切るか、これからがおもしろいところで苦労の甲斐があるのです。肝心な場面に出くわせるのではないかな。何も会社は君を取って食ったりはしない。技術上の困難はむしろ歓迎というのが我が社の創業者の精神だ。君はそれがしたくてこの会社に来たのではないのかな。そう、これからが君たちの本番なのだ」

ソニー半導体に関する主な出来事（※は筆者個人について）

1985年	CCDイメージセンサー、8㎜カムコーダーに搭載
1994年	「プレイステーション」初代機発売
1995年	出井伸之社長就任
	※ディスプレイカンパニーで戦略担当VPに就任
2000年	CMOSイメージセンサー初の商品化（「AIBO」に搭載）
	※本社の事業戦略課長として、越智成之のCMOS啓蒙に接する
2001年	※ソニー・エレクトロニクス・インクCFOとしてアメリカ赴任
2002年	「CMOSイメージセンサーNo．1プロジェクト」始動
2002年暮れ	裏面照射型CMOSイメージセンサーの開発が始まる
2003年	CMOSイメージセンサーを携帯電話へ向け本格的に商品化
2003年4月	ソニーショック（株価暴落）
2004年6月	※アメリカから帰任、本社の事業戦略担当業務執行役員に
2005年3月	ハワード・ストリンガーがCEO就任と報じられる

2005年6月	ストリンガーCEO・中鉢良治社長体制発足
	※半導体事業本部CFO・副本部長に就任
2005年秋	CCDワイヤーボンディングで品質トラブル発生
	リチウムイオンバッテリー発火問題が起きる
2006年10月	中川裕がデバイス部門副社長および半導体事業本部長に就任
2006年11月	「プレイステーション3」発売
2006年暮れ	東芝に半導体事業売却を打診
2007年	CMOSイメージセンサーに集中し始める
2007年3月	普賢会議を開催
2007年10月	東芝への長崎工場売却を発表
2008年3月	長崎セミコンダクターマニュファクチャリング設立
2008年6月	※半導体事業本部長に就任
	裏面照射型CMOSイメージセンサー開発を発表
2008年秋	リーマンショック
2009年1月	シリコンウエハーを300㎜へ大型化するため熊本大異動を決断
2009年2月	裏面照射型CMOSイメージセンサーを搭載した「ハンディカム」

2009年9月　裏面照射型CMOSイメージセンサー搭載のデジタルカメラ「サイバーショット」発売

2009年11月　カシオがソニー製裏面照射型CMOSイメージセンサー搭載のデジカメ「EXILIM」発売

2010年　※B2Bソリューション事業本部長（プロフェッショナル・ソリューション事業本部長）を兼務、1年で後任に譲る

2010年12月　長崎セミコンダクターマニュファクチャリングを買い戻す

2011年　スマートフォンに裏面照射型CMOSイメージセンサーが採用され始める

2011年3月　東日本大震災

2011年8月　日立製作所、東芝、ソニーの中小型液晶事業を統合しジャパンディスプレイ設立を発表

2011年11月　長崎CMOSイメージセンサーライン開所式

2012年4月　※本社CSOに就任

【著者紹介】
斎藤　端（さいとう　ただし）
1953年高知県生まれ。東京工業大学経営工学科卒業後、1976年ソニー入社。総合企画室、経営戦略部門などを経て、2001年エレクトロニクスHQエレクトロニクスCFO。2004年業務執行役員コーポレート戦略担当。半導体事業グループ副本部長を経て、2008年業務執行役員EVP半導体事業本部長。2012年執行役EVP・CSOに就任。2015年退任。

ソニー半導体の奇跡
お荷物集団の逆転劇

2021年3月12日発行

著　者――斎藤　端
発行者――駒橋憲一
発行所――東洋経済新報社
〒103-8345　東京都中央区日本橋本石町 1-2-1
電話＝東洋経済コールセンター　03(6386)1040
https://toyokeizai.net/

カバーデザイン……秦　浩司
ＤＴＰ…………キャップス
印　刷…………東港出版印刷
製　本…………積信堂
編集担当………髙橋由里

Printed in Japan　ISBN 978-4-492-50327-0